21世纪交通版高等学校教材

机 场 工 程 系 列 教 材

# 机场工程勘测概论

## Reconnaissance for Airport Engineering

种小雷　刘一通　编著

蔡良才　主审

## 内 容 提 要

本书系统介绍了机场勘测的基本理论和方法以及所需的相关基础知识，全书共分六章，主要内容为机场勘测的现状与发展，场址初选预选阶段的勘测，机场定点阶段的勘测，机场设计阶段的勘测，改扩建机场、水上机场、公路飞机跑道的勘测以及机场勘察技术等。

本书可作为机场工程专业的本科教材，也可供公路工程、城市道路工程、城市规划设计等相关专业师生和其他从事机场工程设计、研究及管理的工程技术人员参考使用。

**图书在版编目(CIP)数据**

机场工程勘测概论 / 种小雷，刘一通编著. — 北京：人民交通出版社股份有限公司，2015.1

ISBN 978-7-114-12053-4

Ⅰ. ①机… Ⅱ. ①种… ②刘… Ⅲ. ①机场—工程施工—工程勘测 Ⅳ. ①TU248.6

中国版本图书馆 CIP 数据核字(2015)第 027200 号

21世纪交通版高等学校教材
机 场 工 程 系 列 教 材

**书　　名：机场工程勘测概论**
**著 作 者：**种小雷　刘一通
**责任编辑：**李　喆
**出版发行：**人民交通出版社股份有限公司
**地　　址：**(100011)北京市朝阳区安定门外外馆斜街3号
**网　　址：**http://www.ccpress.com.cn
**销售电话：**(010)59757973
**总 经 销：**人民交通出版社股份有限公司发行部
**经　　销：**各地新华书店
**印　　刷：**北京盈盛恒通印刷有限公司
**开　　本：**787×1092　1/16
**印　　张：**7.5
**字　　数：**173 千
**版　　次：**2015 年 1 月　第 1 版
**印　　次：**2015 年 1 月　第 1 次印刷
**书　　号：**ISBN 978-7-114-12053-4
**定　　价：**25.00 元

# 出版说明

随着近些年来我国经济的快速发展和全球经济一体化趋势的进一步加强，科技对经济增长的作用日益显著，教育在科技兴国战略和国家经济与社会发展中占有重要地位。特别是民航强国战略的提出和“十二五”综合交通运输体系发展规划的编制，使航空运输在未来交通运输领域的地位和作用愈加显著。机场工程作为航空运输体系中重要的基础设施之一，发挥着至关重要的作用。据不完全统计，我国“十二五”期间规划的民用改扩建机场达110余座，迁建和新建机场达80余座，开展规划和前期研究建设机场数十座，通用航空也迎来大发展的机遇，我国机场工程建设到了一个新的发展阶段。

国内最早的机场工程本科专业于1953年始建于解放军军事工程学院，设置的主要专业课程有：机场总体设计、机场道面设计、机场地势设计、机场排水设计和机场施工。随着近年机场工程的发展，开设机场工程专业方向的高校数量不断增多，但是在机场工程专业人才培养过程中也出现了一些问题和不足。首先，专业人才数量不能满足社会需求。机场工程专业人才培养主要集中在少数院校，实际人才数量不能满足机场工程建设的需求。其次，专业设置不完备，人才培养质量有待提高。目前很多院校在土木工程专业和交通工程专业下设置了机场工程专业方向，限于专业设置时间短、师资力量不足、培养计划不完善、缺乏航空专业背景支撑等各种原因，培养人才的专业素质难以达到要求。此外，我国目前机场工程专业教材总体数量少、体系不完善、教材更新速度慢等因素，也在一定程度上阻碍了机场工程专业的发展。为了更好地服务国家机场建设、推动机场工程专业在国内的发展，总结机场工程教学的经验，编写一套体系完善，质量水平高的机场工程教材就显得很有必要。

教材建设是教学的重要环节之一，全面做好教材建设工作是提高教学质量的重要保证。我国机场工程教材最初使用俄文原版教材，经过几年的教学实践，结合我国实际情况，以俄文原版教材为基础，编写了我国第一版机场工程教材，这批教材是国内机场工程专业教材的基础，期间经历了内部印刷使用、零星编写出版、核心课程集中编写出版等阶段。在历次机场工程教材编写工作的基础上，空军工程大学精心组织，选择了理论基础扎实、工程实践经验丰富、研究成果丰硕的专家组成编写组，保证了教材编写的质量。编写者经过认真规划，拟定编写提纲、遴选编写内容、确定了编写纲目，形成了较为完整的机场工程教材体系。本套教材共计14本，涵盖了机场工程的勘察、规划、设计、施工、管理等内容，覆盖了机场工程专业的全部专业课程。在编写过程中突出了内容的规范性和教材的特点，注意吸收了新技术和新规范的内容，不仅对在校学生，同时对于工程技术人员也具有很好的参考价值。

本套教材编写周期近三年，出版时适逢我国机场工程建设大发展的黄金期，希望该套教材的出版能为我国机场工程专业的人才培养、技术发展有一些推动，为我国航空运输事业的发展做出贡献。

**编写组**

**2014年于西安**

# 前 言

机场是在陆地上或水面上划定的主要供飞机起飞、着陆、滑行、停放以及配备相应服务保障设施的区域，大型机场也称为航空港。机场勘测是对拟建机场场地建设条件所进行的勘察、测量、调查与评价工作。当前，涉及机场选址、勘测的主要技术标准有《民用航空运输机场选址规定》、《民用机场选址报告编制内容及深度要求》、《民用机场勘测规范》、《军用机场勘测规范》，在这些行业规范中，勘测与选址的内容与要求是联系在一起的，因此本书主要介绍机场选址以及选址、设计阶段的勘测要求。

自机场勘测课程开设以来，对应的讲义有《机场工程勘测》(徐振远编，1988 年)、《军用机场勘测》(郑汝海等编，2005 年)、《军用机场工程勘测》(种小雷编，2009 年)等三个版本，本书是在借鉴这些讲义的基础上，吸收了近年来国内外机场勘测中的成功经验、先进方法以及最新科研成果编写而成。在编写的过程中得到了中国人民解放军空军工程设计研究局、成都军区空军勘察设计院的大力支持，在此表示衷心感谢。

本书共分为六章，第一章为绪论，第二章为场址初选预选阶段的勘测，第三章为机场定点阶段的勘测，第四章为机场设计阶段的勘测，第五章为其他类型机场勘测，第六章为机场勘察技术。

鉴于编者的理论水平和实践经验有限，加之编写时间仓促，书中错漏和不妥之处在所难免，恳请读者批评指正。

**编　者**

**2014 年 10 月**

# 目　　录

# 第一章 绪 论

## 第一节 机场相关知识

### 一、机场分类

机场是供飞机起降、停放、维护和组织飞行保障活动的场所。按照飞行场地的性质分为陆上机场、水上机场、冰上机场;按机场的隶属分为军用机场、民用机场、军民合用机场。

军用机场,按设施性质分为永备机场和野战机场;其中永备机场按适应机型分为一级机场、二级机场、三级机场、四级机场。

民用机场,按航线的性质分为国际机场和国内机场。按航线的布局可分为枢纽机场、干线机场和支线机场三种。

除此之外,还有一些专用机场,如航空公司、科研试飞、航校、航测、农业、森林、航空救援等机场。

### 二、机场组成

军用机场由机场空域、飞行区、地面工作区、生活区组成。民用机场除上述四个区域外还有旅客航站区。

1. 机场空域

机场空域是根据飞机起降及飞行训练的需要而在机场周围上空划定的一定范围空间,主要由若干个飞行空域组成。

2. 飞行区及分级

(1)飞行区的组成

飞行区是供飞机起降和停放用的场所,由机场净空区和飞行场地(飞行区的地面部分)组成。

机场净空区是指为保证飞机起飞、着陆和复飞的安全,在机场周围划定的限制物体高度的空间区域,由升降带、端净空区、侧净空区构成。其范围和规格根据机场等级确定,并定出各级机场净空障碍物限制面的尺寸和坡度。在选择跑道位置和方向时,应使机场周围的净空符合相应的规定,在机场净空区内修建建筑物的高度也应按净空规定加以严格限制。

飞行场地是机场的主体,军用机场飞行场地由跑道、土跑道(迫降道)、平地区、端保险道、滑行道(包括端联络道、中间联络道)、停机坪(起飞线、停机线、警戒、过往飞机、个体停机坪等)、加油坪、拖机道等组成。

民用机场飞行场地的组成如图1-1所示，由升降带（包括跑道及停止道）、跑道端安全地区、净空道、滑行道（包括平行、联络、快速出口、旁通、进口、出口滑行道等）、等待坪及各类站坪等组成。

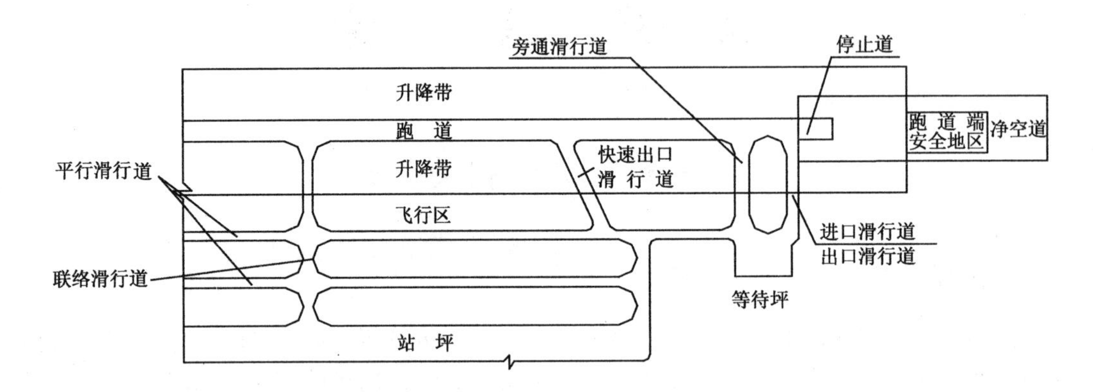


图1-1　民用机场飞行场地的组成

跑道直接供飞机起飞滑跑和着陆滑跑用，是飞行场地最主要的组成部分，通常用水泥混凝土筑成，也有用沥青混凝土筑成的。

(2)飞行区的分级

为了使机场各种设施的技术要求与运行的飞机性能相适应。军用机场和民用机场对飞行区都进行了分级，军用机场飞行区分级主要考虑各种飞机所需跑道基准长度的大小，因此，其分级与适用机型的机场分级相统一，均分为一、二、三、四共四个等级，具体指标见表1-1。民用机场飞行区用两个指标进行分级（表1-2），民用机场飞行区分级举例说明见表1-3。

**军用机场飞行区分级**　　表1-1

| 机场等级 | 一 | 二 | 三 | 四 |
|---|---|---|---|---|
| 跑道基准长度(m) | <1 800 | 1 800 ~ 2 300 | 2 300 ~ 2 800 | >2 800 |

**民用机场飞行区等级指标**　　表1-2

| 第一要素 | | 第二要素 | | |
|---|---|---|---|---|
| 代码 | 飞机基准飞行场地长度(m) | 代字 | 翼展(m) | 主起落架外轮外侧边间距(m) |
| 1 | <800 | A | <15 | <4.5 |
| 2 | 800 ~ 1 200 | B | 15 ~ 24 | 4.5 ~ 6 |
| 3 | 1 200 ~ 1 800 | C | 24 ~ 36 | 6 ~ 9 |
| 4 | ≥1 800 | D | 36 ~ 52 | 9 ~ 14 |
| | | E | 52 ~ 65 | 9 ~ 14 |
| | | F | 65 ~ 80 | 14 ~ 16 |

民用机场飞行区分级举例　　表 1-3

| 机场使用的机型 | 飞行区的基准场地长度(m) | 翼展(m) | 主起落架外轮外侧边间距(m) | 飞行区等级 |
|---|---|---|---|---|
| 运-7、安-24 | 1 600 | 29.2 | 8.8 | 3C |
| Dash(冲)8-400 | 1 380 | 28.4 | 9.6 | 3D |
| B(波音)737-300 | 2 749 | 28.9 | 6.4 | 4C |
| MD(麦道)90 | 2 166 | 32.9 | 6.2 | 4C |
| A(空中客车)320-200 | 2 480 | 33.9 | 8.7 | 4C |
| A(空中客车)310-300 | 1 845 | 43.9 | 10.9 | 4D |
| B(波音)757-200 | 2 057 | 38.1 | 8.7 | 4D |
| A(空中客车)300-600R | 2 408 | 44.8 | 10.9 | 4D |
| B(波音)747-SP | 2 710 | 59.6 | 12.4 | 4E |
| B(波音)747-400 | 3 352 | 64.3 | 12.4 | 4E |

3. 地面工作区

地面工作区简称为工作区,是为保证作战或运输飞行活动能持续和安全进行而设置的各种地面设施区域。通常有指挥、调度、气象、雷达、通信、导航等保障飞行活动安全顺利进行的设施;飞机维修、充电、油料、航材及弹药的储备和供应等保障飞行活动能持续进行的设施;供机场各类人员用的办公用房。军用机场为了便于防护,工作区布置得比较分散,而且有的设施修建于地下。民用机场为了工作方便,工作区通常布置得比较紧凑。

4. 生活区

军用机场生活区供驻场部队官兵及其家属居住使用,主要有住宅楼、服务所、门诊所、招待所、幼儿园等。民用机场生活区供人员居住和各项生活活动用,主要有宿舍、食堂、澡堂、门诊所、俱乐部、商店、邮局、银行等。

5. 旅客航站区

旅客航站区主要由航站楼、站坪及停车场组成。

## 三、机场工程场地复杂程度划分

机场工程中土的分类按《岩土工程勘察规范》(2009 年版)(GB 50021—2001)执行。场地复杂程度划分主要按照场地条件和地基岩土条件划分。

1. 复杂场地

(1)场地条件

场地处于抗震设防烈度大于或等于 9 度的强震区,需详细判定有无大面积地震液化、地表断裂、崩塌落石、滑坡及其他产生高震害的可能性,需进行地震小区划分。存在其他强烈动力地质作用的地区,如泥石流沟谷、洪泛区、岩溶发育区、古滑坡区、地下水强烈潜蚀浸蚀区。起伏很大的山地、丘陵地、沟谷发育的各类不稳定阶地等。

(2)地基岩土条件

极软弱、非均质,需要进行特殊处理的地层,如新近回填土、大面积的杂填土、旧河道填土、内陆湖软土等。极不稳定的地基和中等强度以上的特殊性土地基，如戈壁的松散砂、旧河漫滩的堆积层、季节性冻土层、中强盐渍层、中强膨胀性土、软土、中强湿陷性黄土等。需要进行较复杂处理的特殊土基，如高填深挖、填海填湖、江河改道、不均匀岩基等。地下水、地表水对地基及其上部结构危害较大地区。

2. 中等场地

(1)场地条件

抗震设防烈度为7~8度的地区。有较弱动力地质作用的工程地质环境地区。山区、丘陵地带的一般场地，地形起伏较大，侵蚀沟谷较发育。

(2)地基岩土条件

弱强度的各类特殊土地区，或部分地段分布中等强度以上的特殊土场地，需要进行专门研究或按照专门规范勘察的岩土地基。有一般性的地基处理问题，按照有关规范即可处理的场地。地下水、地表水对地基及其上部结构影响较小，或部分地段有不利影响的地区。

3. 简单场地

(1)场地条件

抗震设防烈度小于或等于6度的地区。地形平坦、地貌单一、地层结构简单的地区。无特殊动力地质作用影响的地区。

(2)地基岩土条件

无特殊性土，且土质岩性均一的地区。无特殊地基处理问题的地区。地下水、地表水对地基及其上部结构无不利影响的地区。

上面所述的场地复杂程度划分条件为必要条件，确定场地复杂程度时，必须具备场地条件中的两项及地基岩土条件中的两项，方可认为是充分的。确定场地复杂程度时，应由复杂场地类型开始，依次类推，当条件不满足时，应按顺序用下一类型衡量。

## 第二节　机场勘测的任务与作用

### 一、机场勘测与选址

机场勘测为机场选址、预可研、可研及设计提供所需要的信息，是指采用调查、工程勘察、测量等手段，采集、搜集拟建机场区域的社会现状、经济发展、人文景观、地形、地质、气象等资料，进行必要的计算、绘制图表，以取得满足机场设计需要的空间数据信息，并根据要求提供相应勘测成果的活动。其主要工作形式包括资料调查、工程测量、地质勘察。

机场选址是为了在特定区域内确定出适合修建机场的场地而开展的考察、论证工作。主要结合机场定位和建设需求，通过分析拟选机场区域内的各类相关资料和现场踏勘，得出符合建设机场场地的结论。

机场选址与勘测是密不可分的。机场选址所需要的资料、数据主要通过机场勘测得到，机场勘测为机场选址论证提供必要的数据支撑，而机场勘测的范围、技术要求由机场选址提出，由此可见，两者相辅相成，是机场工程建设的基础。机场选址主要涉及对区域经济和城乡规划、空域规划、综合交通系统规划、市政配套、地质、地貌、气象、水文以及土地与环境保护等多方面资料的综合分析；机场勘测则涉及平面和高程控制测量、地形图测绘、净空测量、岩土工程勘察、机场环境影响评价、相关资源调查以及造价估算的内容，两方面均是一个系统的综合应用性学科。

## 二、机场勘测的作用

机场勘测是在各种复杂的自然条件和人为条件中进行的，它既要满足飞机的使用要求，又要满足经济、环保和美观的要求，还要实现与周围环境的和谐发展，因此，机场勘测是一门涉及面比较广的综合性学科，它不仅有自身的原则、方法和步骤，而且还与许多相关学科有着密切的关系，如土质学、工程地质、测量学、建筑材料、水文水力学、机场规划设计、环境美学、交通工程等。

机场勘测是机场工程建设的重要环节和先导，勘测结果直接影响机场位置的确定，是机场总体规划与设计的基本依据和先决条件，决定机场总体布局，从而影响机场的设计方案、投资和工程建设质量。再者，一个大型交通设施的选址一定会对整个区域造成巨大的影响，如果勘测不准确、位置确定不合理，将会导致整个工程建设的失误，给国家造成巨大的经济损失。因此，国家对机场选址是十分慎重的，有的机场选址历经几年甚至近十年，由此可以看出机场选址的重要性。机场勘测为机场选址提供准确的数据，勘测质量直接关系到机场工程的建设质量。勘测质量高，数据准确，机场方案确定合理，将为机场建设节约工期和大量投资；勘测质量低或错误，则可能导致整个机场投资增大，工期延长，甚至使整个机场建设项目报废。

## 三、机场勘测的主要内容

机场勘测不仅为机场选址提供必要的支撑数据，也为机场规划、设计、施工管理提供原始资料和科学依据。按照机场位置确定的过程，机场勘测分选址阶段的勘测（简称选勘）、定点阶段的勘测（简称定勘）和设计阶段的详细勘测（简称详勘）三部分，各部分具体要求内容如下。

1. 选勘

选勘是根据勘测任务书要求，在指定的勘选地区内，进行初步的选址勘测（即场址初选），预选出几个适合修建机场的场址，为进行预可行性研究和确定定勘场址提供依据。选勘任务包括准备工作、现场勘测、资料初步调查和编写选勘报告书。

2. 定勘

定勘是按勘测任务书要求，在选勘的基础上，对所选的一个或几个有定勘价值的场址作进一步的勘测比较，确定出最佳场址（即定点），为进行详细可行性研究、机场定点和编制设计任务书提供依据。定勘任务包括地形测量、净空测量、工程地质勘察、资料详细调查和编写定勘报告书。

3. 详勘

详勘是在定勘的基础上，对最后确定的场址作进一步的详细勘测，为机场初步设计和施工图设计提供依据。详勘的任务主要是工程测量和工程地质勘察。

在特殊情况下，根据实际情况，可以将前两个阶段合并进行，但应以提出必要的数据，做出充分有效的设计论证为原则。接受任务后，要仔细领会机场建设的意图以及方针政策，熟悉已掌握的有关资料和拟订勘测计划，按时完成任务书下达的任务，每一个阶段必须要提交勘测报告和图纸资料。坚持勘测工作程序,是保证勘测质量的重要环节。将勘测工作分阶段进行,是为了更好地适应工程建设的客观需要,决不是简单的人为规定,而是工程建设经验的总结。曾有不少机场搞过一次性勘测,但在工程实践中,除了地质条件简单的场地外,大部分工程都重新组织了三四次以至五六次以上的勘测工作。

机场勘测是一门综合应用性学科,是利用所学到的专业知识来解决机场建筑工程中出现的问题,机场工程勘测的主要内容有:工程测量(包括平面、高程控制测量和定位测量)、地形图测绘(包括1:5 000、1:2 000、1:1 000的方格网地形图测量)、净空测量(包括净空图编绘、净空平面图、净空剖面图)、岩土工程勘察(除传统的岩土工程勘察外,还包括水文地质、灾害地质、环境岩土工程、天然建筑材料勘察等)、资料详细调查(包括气象资料、水文资料、交通情况、供电供水情况、占地移民情况等)、机场环境影响评价(评价的目的、范围、标准、声环境现状与预测以及建立机场后对环境影响的预测分析)、机场规划与造价估算(包括机场总体规划、机场交通及管线规划、估算机场造价等)、编写勘测报告书(包括报告书内容及应附的图和表)。

## 第三节　机场勘测的基本要求

### 一、机场勘测遵循的总体原则

机场选址、勘测应与设计、施工紧密结合,机场勘测服务于工程建设的全过程,直到工程建成后的监测、管理工作。在这个过程中,勘测应做到认识自然和改造自然的统一,技术可靠和经济合理的统一,备选场址和建设要求的统一,在实现这三个统一的过程中,应遵循以下原则。

1. 准确性原则

机场勘测的任务是为机场定点、规划、设计、施工、管理提供依据,勘测数据的准确性直接关系到机场位置的科学性和整个机场建设的质量,因此一定要保证勘测工作的准确性。

如果勘测得到的数据有错误或不全面,就会使机场设计得出错误的、片面的结论,导致实际建设工作出现严重失误。机场位置决定机场的运行规模和远期发展,如果位置选择错误,将会影响机场使用和运输能力的发挥,也会给机场保障人员的日常生活造成诸多不便。由于选址与勘测导致的错误与缺陷,即使在设计中尽了最大的努力,也无法弥补。

2. 科学性原则

机场工程建设和其他的工程建设一样,在整个建设过程中,必须要遵循工程建设的客观规律,坚持科学性的原则。

机场占地面积较大,对地形、地质条件要求较高,加之自然条件变化复杂,并且人们的认识需要一个不断深化的过程,如果选址不采取科学的态度,忽视必要的程序,就会导致工作繁冗、杂乱无章、目标混乱、毫无头绪、人员松散、难以组织,从而使选址与勘测工作没有统一的步骤和合理的调配,导致选址与勘测工作出现严重的错误和纰漏。

3. 经济性原则

机场作为重点工程,其投资往往多达千万元甚至数十亿元,选址作为机场建设的第一个环节,在与之配套的勘测工作中,在满足使用要求的基础上,坚持适用、经济的原则。

所谓经济性的原则包含两个方面的内容:其一为勘测指标的选取和精度要求,要在满足使用要求的基础上，确定合理的精度要求，一味追求高精度的指标，会给勘测工作带来巨大的工作量，从而造成不必要的浪费；其二为勘测方法的选取，目前，勘测有多种可供选择的方法，如测图可选择航测、地面实测和卫星影像成图的方法，在实际工作中，应根据任务要求，选择性价比较高的方法。

4. 合理性原则

机场勘测结果服务于机场选址，最终需要对选择的场址进行评价，并推荐适合修建机场的方案，在这个过程中，必须坚持合理性的原则。

在实际的选址中，要求所选出的机场位置必须要符合使用需要，在备选的方案中一般均存在不同程度的问题。因此，在机场选址中，必须要实事求是，严格按照有关指示和上级的意图，对每个阶段的工作进行深刻的分析、调查，在尊重客观事实的前提下，认真分析整理勘测资料，去伪存真，对不同方案的合理性，进行深入全面的分析，为决策者提供可靠的数据支持。

## 二、机场勘测的技术要求

1. 工程测量要求

(1)机场地理位置和高程以主跑道中线中点为准。其坐标采用1954年北京坐标系，用经纬度表示，精确至秒；高程采用1985年国家高程基准，精确至厘米。

(2)跑道方向以跑道中线的真方位角为准，精确至秒。跑道高程采用跑道两端线与跑道中线交点的高程分别标记，精确至厘米。

(3)机场控制测量应采用国家或该地区的坐标和高程系统。采用机场独立直角坐标系统应给出该系统和国家或该地区统一坐标系统的换算公式。

(4)机场测量控制网宜独立布网。与国家控制网联测时，取其坐标、高程与方位角。首级平面控制网的布网精度，以1:1 000比例尺地形图测量精度为准。

(5)除机场工程特殊的要求外，其余的可按照《工程测量规范》(GB 50026—2007)来执行。

2. 岩土工程勘察要求

机场岩土工程勘察对象包括场道、防护、营房、道路、防洪、排水、供油、供水、供电、通信、导航等工程以及建筑材料场地的勘察，以机场场道岩土工程勘察内容为主。

在岩土工程勘察中应采用先进勘测技术和常规的多种勘察手段对机场进行勘察。勘察内容应按照《岩土工程勘察规范》(2009年版)(GB 50021—2001)的要求来进行。

# 第四节 机场勘测选址的现状与发展

## 一、机场勘测选址历史

中华人民共和国成立前，从机场建设过程来看，机场的选址定点可以分为宏观和微观两个层面，宏观层面是在区域范围内确定机场所在的城镇，为区域机场总体布局性质；微观层面是在明确机场所处的城镇后，进一步确定机场在城镇中的具体位置，为机场场址具体定点性质。军用机场宏观层面的总体布局是由中央政府军事航空主管机构或地方军政当局所确定，侧重在军事要地和政治经济中心城市选址,通常由航空署及后来的航空委员会统一进行规划布局。微观层面的选址布点则由航空主管机构下派工程师或飞行员负责机场选址、建设及验收等技术工作,与地方政府协商一致后确定机场的具体建设位置。民用机场选址定点则以航空公司和地方政府自行决定为主,近代航空公司开辟航线的首要工作是根据飞机起降经停的城市和沿途备降的城市,这些经停场站通常是根据飞机的航程、航线的走向、航段的长短、航空市场定位及商业航空发展潜力等因素而定,再由航空公司和备选场址所在地的地方政府协商进行场址的具体勘察择定。

近代机场选址定点一般分空中查勘(空测)和地面查勘(陆测)两大步骤,空中查勘主要是通过航空测量方式进行实地勘测,由飞行员和工程师共同负责,涉及飞行、排水、施工、军事伪装及交通等各种事宜;地面查勘则需要考虑场址所在地的地形地貌、自然气候、排水、公用设施配套等事项。航空委员会西川机场建筑委员会所应用的机场选址步骤便是典型的场址选址定点程序。1938 年,该委员会在四川筹备修建军用机场时,先在 1:50 000 的地形图上作业,初步筛选出若干场址;然后从空中勘察初选场址两次,根据易于施工、场地宽敞、地形地貌等条件划定相应地区;再会同土木工程专家检查场址的土质,下挖 5 尺深(1 尺 =0.33m),每尺取 1 包土进行化验,以选用土质合适的机场场址;经过综合评价,最终选定双流、邛崃、崇庆 3 个机场的建造地点;最后利用 1:100 000,1:50 000 或 1:10 000 的地形图标注出机场位置。

中华人民共和国成立后,在 60 年的机场建设过程中,机场勘测经历了一个曲折的发展,其间有很多用沉重的代价和深刻的教训换来的经验与技术。如在机场建设早期(20 世纪 60 年代),十分重视前期的机场勘测工作,对机场的定点、定规模、定布局很慎重,严格按照选勘、定勘、详勘的程序来进行,并进行多方案的比选,取得了在青藏高原、新疆戈壁、青海盐湖、黄土高原、东北严寒、南方高温、丘陵水网、地下溶洞等不同地质条件下修建机场的经验,其中西藏邦达机场海拔 4 300m,是当时世界上海拔最高的机场。此外,与机场配套的洞库建设也取得了不少的成绩,修建了一批从 14 ~ 24m、40m 跨度的飞机洞库。20 世纪 70 年代,受外界条件的干扰,在工程勘测、设计中实行"边勘察、边设计、边施工"的"三边"政策,使勘测工作处于被动局面。如宾县、林东等机场,因定点后不符合总体部署、地形地质条件差而停建改点,仅宾县机场当时就损失数百万元,这样的例子在当时有不少,从中我们也得到深刻的教训,这说明机场工程勘测必须严格遵循客观规律,按基本建设程序办事。

## 二、机场勘测选址现状

### 1. 机场选址现状

机场选址问题是一个涉及到政治、军事、经济和社会的综合性问题。自从有了机场以来,机场的选址就一直是机场工程领域的科技工作者所关注的主要问题之一。

国外对机场选址方法研究较为重视,其中以美国为代表,早在 1975 年美军就开发了机场选址评价的程序,对采用计算机辅助机场选址方法进行了研究,后来又多次对该方法进行了改进。此外,1994 年美军颁布的技术手册《Planning and Design of Roads, Airfields and Heliports in the Theater of Operations-road Design》中,第二章对机场位置选择的要求和方法进行了详细的介绍,该手册后来一直是美军进行机场选址的指南。在民用机场选址方面,美、英等国家制订机场总体规划的过程包括四个阶段:机场的要求、机场选址、机场布局以及财务计划。在机场选址方面由于涉及的方面较多,他们也只是组成专家咨询委员会做定性的分析,从几个被选方案中最终选择一个,这个过程往往是主观的。Alexander T. Wells 著的《Airport Planning & Management》一书中,对民用机场选址的影响因素进行了分析,提出了民用机场选址的基本要求。2004 年 Talbert & Bright 公司编制的《Franklin County Airport Site Selection Study》,2006 年 Ricondo & Associates Team 编制的《San Diego County Regional Airport Site Selection Program》较好地体现了整个机场选址的过程和方案对比的程序,值得我们借鉴。

国内,机场选址从建设机场开始就一直在积极考虑,早在抗日战争时期,就根据当时的情况提出了机场选址的相关注意事项和要求。伴随着科学技术的发展,近年来在机场选址方面也进行了多样的研究。军用机场选址的主要依据是《军用机场勘测规范》(GJB 2263),该规范详细地规定了军用机场选址的步骤和工作内容,是军用机场选址的指南。1994 年,蔡良才针对机场选址过程中跑道方向确定的问题进行了研究,提出了新的风力计算方法,1995 年应用层次分析法原理,以军用Ⅱ级永备机场选址要求为背景,建立了军用机场选址方案综合评价的层次结构模型,构建了相应的判断矩阵,提出了军用机场选址方案综合评价的层次分析,1996 年在论文《机场选址方案综合评价智能辅助决策系统》中对计算机辅助机场选址进行了分析。2000 年,钱炳华、张玉芬在著作《机场规划设计与环境保护》中,对机场位置选择进行了详细的阐述,指出机场位置选择是整个机场规划设计工作中最重要的一环,对机场使用性能和造价有很大影响,而且强调在机场位置选择时,要尽量满足使用上、环保上及经济上的要求。

军用机场主要面向作战和训练,比较重视军事效益,而民用机场涉及面更广,并且以经济效益为主。宗林编的《城市航空港规划》中,第四章对航空港的位置选择提出要考虑下列问题:净空限制、噪声干扰、通信导航、用地条件、气象条件、生态学影响、在地区的位置关系、公用设施方面。民航总局于 2004 年发布的《民用机场建设管理规定》中,对民航机场的选址也作出了具体规定。对机场净空、空域、环保、场址的建设条件以及经济方面都作了简单阐述,对机场的选址流程也作了相应规定。2007 年,民航总局的《民用机场选址报告编制内容及深度要求》规范了民用机场选址的程序和主要内容。

此外,针对机场选址手段和方法,也有不少学者进行了系统研究。于晓春等人的《中国民航枢纽机场的建设的研究》中给枢纽机场进行了定义,提出了确定选址方案的研究方法及选址应考虑的几个主要因素。戴福青在《单枢纽机场选址与航线网络规划综合优化》中,从飞行成本、枢纽机场建设成本、航线网络扩容成本三个方面,对单枢纽机场的选址进行了模型设计,对单枢纽机场选址与航线网络规划综合优化问题进行了一定的简化。李天华等人的《多类型遥感影像在高原机场选址中的应用初探》中,针对西藏山高路险、气候恶劣、人车无法到达等特点,将遥感技术和三维可视化技术运用到工程地质勘探的前期工作中,虚拟了各个拟选机场场址的高精度三维遥感动态模型,完成了场区的构造地质、工程地质、环境地质的综合评价,为工程技术人员从宏观把握拟选机场场址的工程地质概况提供了最直接的资料,同时为宏观决策者提供了很好的工程评价平台。郭俊、牛铮在《遥感图像三维可视化在机场选址中的应用》中,介绍了遥感图像应用于机场工程地质解释和三维可视化的方法,包括遥感图像的选择、预处理、图像增强及地质信息提取的流程,利用 ENVI 和 Arcgis,通过 DEM 和遥感影像地图的叠加,实现了影像的三维可视化,并针对机场选址任务的要求生成规划区的飞行动画,给决策者提供准确、直观的勘查方法的建议。杨青、邱菀华在《价值工程分析方法及其在机场项目中的应用》中,从机场项目的建设过程及最终交付物两个方面对机场项目价值链进行了研究，得到了详细的机场项目价值列表。以项目利益相关者价值最大化为目标，在对实例机场四类可供选择的方案进行初步价值工程分析和筛选的基础上，采用改进的模糊质量功能展开法评价了四个潜在的新机场选址方案，得到了价值最优的场址方案。程小慷在《经济区域内支线机场选址模型》中，在根据布局选址原则经验比选备选场址的基础上，以获得最佳经济效益为目标建立了支线机场选址模型，并探讨了相关参数的确定和计算步骤。杨锐等人的《应用GIS进行机场选址的探讨》中，根据地理信息系统（GIS）的特点，提出了建立适用于机场选址GIS数据库的要求，论述了应用GIS空间分析技术进行机场选址的关键步骤，并且对GIS的人机对话功能在机场选址中的应用作出了初步的探讨，并对GIS在机场选址中应用的前景作出了相应的展望。

以上研究，无论是军用机场还是民用机场，主要是针对选址内容、手段进行的，由于涉及的因素比较多，机场选址至今还没有完善、成熟的模型。2008年，李婷婷、高金华在《基于模糊多属性群决策方法的机场选址问题》中，提出了将多属性决策应用到机场选址中。2009年，乔明、刘守义等提出了民用机场模糊综合评判选址模型，2010年，张罗利等提出了采用多属性区间数建立机场选址模型的思路，这些模型和理论为机场选址方面的研究奠定了基础。

2. 机场勘测现状

进入20世纪80年代后，随着国防建设的日益完善和民用航空业的发展，机场的勘测进入了一个全新的发展期。这个时期，最具代表性的是以遥感（Remote System，RS）、地理信息系统（Geographic Information System，GIS）、全球卫星定位系统（Global Positioning System，GPS）为代表的“3S”技术及摄影测量、数字地面模型（Digital Terrain Model，DTM）、移动测量（Mobile Mapping System，MMS）技术等理论与方法在机场工程中的应用，这些全新的理论与方法，全面促进了机场勘测理论的发展，机场勘测技术逐渐向数字化、智能化以及车载化发展。

这个时期，国内机场勘测技术的发展经历了三个阶段：早期阶段，在计算机技术、“3S”技术、移动测量技术等还不成熟时，机场勘测工作完全是凭借着工作人员的理论知识和工作经验进行，成果的表达也只是利用图纸和文字报告的形式；中期阶段，机场勘测工作引入了计算机、遥感等先进技术和方法，在一定程度上减轻了工作人员的劳动强度、提高了工作效率、丰富了信息表达，提高了勘测质量，但由于这些技术本身的局限性，在成果表达方面很难有新的突破和创新；当前，“3S”技术及移动测量技术迅速发展，在我国数字城市、公共安全、环境保护等领域取得了广泛的应用。国内学者对“3S”技术、移动测量技术在机场勘测领域的应用进行了探索性研究，比如利用地理信息系统的统计分析、空间分析、专业分析等功能进行场址的优选、跑道轴线的确定、净空区的评定、工程量的计算以及各类地质灾害的预防与治理等。近年来发展起来的移动测量技术代表着“3S”技术的最新应用方向之一，它是在机动车上装配GPS、CCD、INS/DR等先进的传感器和设备，在车辆高速行进之中，快速采集道路及两旁地物的空间位置数据和属性数据，并同步存储在车载计算机中，经专门软件编辑处理，形成各种有用的专题数据成果，能满足市政城管、交通、公安、应急测绘、铁路、公众位置服务等多领域用户对于实景三维地理信息快速采集与更新的需求（图1-2）。

武汉大学测绘遥感信息工程国家重点实验室利用“3S”技术开发了“综合环境移动监测系统”，解决了综合性生态环境安全监测问题。在该系统的开发过程中解决了环境移动监测的相关关键技术，开发动静态相结合的环境监测平台，以实现动态监测，提高环境监测的机动性和对突发事件的应急能力,构建"常规监测—应急抢险—综合指挥"的环境监测体系。在移动环境监测平台上,可集成大气传感器、粉尘传感器、噪声传感器、水质传感器、核辐射传感器等多种环境监测仪器,结合导航定位设备及3G移动网络,为实现实时监测数据的存储、管理、分析和应用,提供技术实现途径。多个环境传感器可以提供相应的环境参数,这些数据依据高质量的时空模型进行融合、同化以及综合分析,结合电子地图输出更高质量的成果数据。无线通信信号接收器实现平台与互联网的连接,实现数据共享以及成果的实时发布,为各相关部门提供连续、稳定的生态环境变化信息。

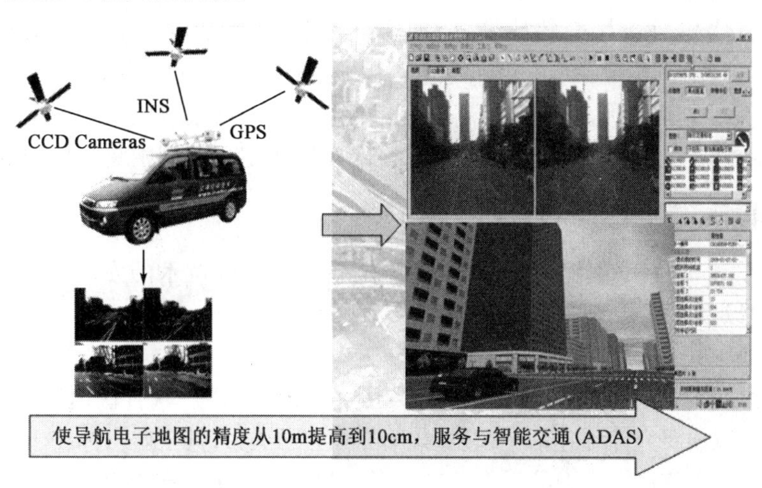


图1-2 移动道路测量数据采集

中铁一局集团将"3S"技术应用到公路选线、工程地质勘察、工程设计中。利用遥感航测制图和三维遥感数据对公路勘测设计进行优化路线选择,具有速度快、质量高、节省人力物力的优势,是一种先进有效的手段。"3S"技术在公路规划和勘察选线方面的应用研究和勘察设计实践,在多段高速公路及大型隧道的勘察设计应用中取得了很好的效果,不但速度提高2~3倍以上,而且可以全面认识公路工程地质环境的特征,提高工作质量,尤其在减少不良地质危害、优化选线设计质量等方面,产生了巨大的经济效益和社会效益。

图1-3 地图快速修测车

总参测绘局应用移动测量技术研制了"地图快速修测车"(图1-3),该车通过集成现有测绘作业平台和数据成果,规范部队业务管理,建立部队机动作战测绘保障平台,提高数字化测绘成果综合应用能力,为部队公路机动和无依托发射提供便捷的测绘保障手段。该系统数据库能够涵盖测绘各专业,包括控制点、发射阵地大地测量成果,系列比例尺数字地图,精导武器专用保障成果等;具有完成现役各型常规导弹发射阵地的辅助勘察、选点和测量任务;能够完成指挥所需的各类数字专题地图生产制作与印刷出版保障任务;实现覆盖各种测绘专题地图生产全过程的信息化、流程化生产管理与质量监控。能够依托作战区道路数据辅助进行发射阵地预选和机动路线选择，在无法接收到卫星信号的情况下，能够依托机动作战区内公路里程桩、中心线和数字地图进行影像判读，实现无依托导航定位功能。

成都军区空军勘察设计院、空军工程大学以“3S”技术为核心开发了“高原机场快速勘察技术”，建立了高原机场勘察的技术体系和方法，通过集成高原地区岩土工程数据库、机场场址快速选择系统，将相关数据进行空间位置可视化，利用统计分析、空间分析、专业分析进行场址的优选、跑道轴线的确定、净空区的评定、工程量的计算以及岩土工程评价等。

综上所述，将“3S”技术（遥感技术、地理信息技术、卫星定位技术）与其他勘察手段相结合，用于各种工程选线、选址，在工程勘测领域中已经形成一个重要的技术方向，并取得了良好的社会经济效益。它可以从整体上提高工程勘测的质量，克服地面调查的局限性，增强预见性，并可提高调查效率，改善劳动条件。“3S”技术在机场工程勘测中具有广阔的应用前景。

## 三、机场勘测发展趋势

随着地理空间软件、土壤固化技术、自动定位系统等一些技术的发展，勘测设计技术也向数字化、智能化以及车载化方向发展。

1. 美军的快速勘测技术

2002 年，美军工程研究与发展中心（ERDC）最先提出了名为“联合快速机场开设”的研究计划，简称 JRAC。该项研究计划包括有超过 30 个的独立子项目，其主要目标在于提供可以增强美军快速建设或升级应急机场能力的工程解决方案。2004 年 7 月，美军部队应用最新的机场抢修装备，向人们成功地进行了一次快速开辟机场的演示。他们利用以山猫多功能装载机为原型而组装的快速测试车（简称 RAVEN，见图 1-4），在 12h 内画好了地形图，分析了土壤，完成了三维数码设计，制定了施工工序。然后，一个由全球卫星定位系统控制的铲运机（图 1-5）开始进行挖掘清理工作，一天半之后，他们所抢修出来的机场就达到了最低起降要求。

图 1-4 美军快速测试车

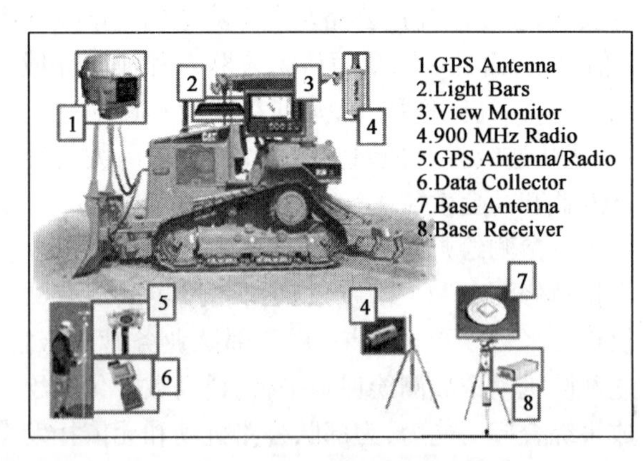


图 1-5 GPS 控制的铲运机

RAVEN 是一台特种车，可以空投。快速测试车到位后，可以在工作现场进行探测，该车也可以无人驾驶。RAVEN 每隔 2m 采集一个 GPS 定位点，得到的数据被传送到一个与 3D 设计软件相连的地理空间数据库。在车的后厢安装有一个土壤分析仪，该仪器挂接了一个全球土壤剖面数据库。车前部也装备有一个机械臂，用来安装多种工作附件，其中包括一个外形酷像锤子的液压驱动的土壤密实度仪，它可以用来检测压实土的承载能力。通过这些先进设备，他们仅用了3d就完成了包括一条土跑道和两个停机坪的简易机场，该机场能够承载重达79.4t的C－130运输机750架次的起降。

从美军JRAC系统可以看出，以“3S”技术为代表的现代勘测技术在机场勘察中具有快速、直观、实时、高效等优异特征，先进性主要体现在：

(1)为机场勘察提供了有力工具。“3S”集成技术不仅可以高精度、快速、实时地采集各种地质信息，而且能够利用GIS强大的空间数据综合分析功能，将各种地质信息进行叠加、对比和综合与复合，从而为机场勘察提供更丰富的地绘和图形资料。

(2)提高了机场勘察速度。采用“3S”技术，可实现机场的快速勘察，解决传统方法无法完成的任务并大幅度提高勘察速度，可在短期内完成前期勘察任务，只需常规方法20%～30%的时间，对于野战机场，依靠已建立的数据库，在基础数据完善的情况下，室内就可以根据场址坐标输出勘察报告。

(3)紧急性好。实践证明，利用遥感图像三维可视化及影像动态分析方法进行机场遥感地质信息提取、野外填图路线部署、地质剖面位置的优选、成果验收和表达方面等，可以节约人力、物力和财力，在很大程度上减轻区域地质调查的工作量，同时保证了成果的质量。

2. 关于研制机场勘测车的设想

快速、高效、准确的勘测，无疑会大大缩短机场建设的周期，因此车载式勘测技术必将成为下一步机场勘测的主要发展方向。通过初步分析，机场勘测车应包括8个部分：便携设备子系统、导航定位子系统、数据分析子系统、摄影测量子系统、数据采集子系统、集中控制子系统、数据处理子系统、地质勘测子系统，组成方案如图1-6所示。

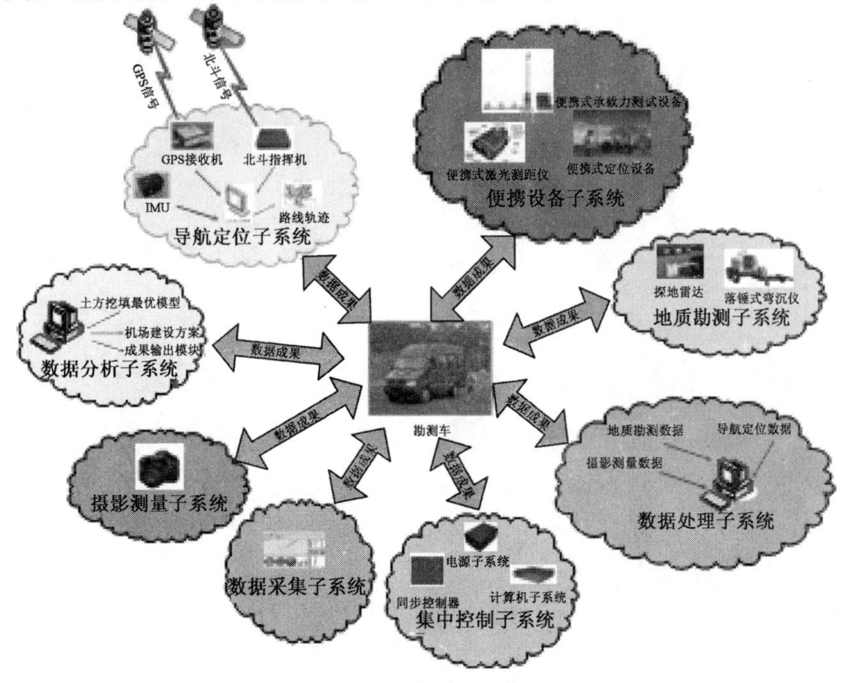


图1-6 机场勘测车的组成

目前,在机场工程领域,移动勘测技术的研究才刚刚起步,机场勘测车的组成也只是一个初步的设想。随着勘测技术的飞速发展,相信不远的将来,机场勘测技术将会发生翻天覆地的变化。

## 复习思考题

1. 简述机场勘测与选址的关系。
2. 什么是机场勘测？它分为几个阶段？每个阶段的主要内容有哪些？
3. 机场选址的基本要求有哪些？
4. 机场勘测的技术要求有哪些？
5. 试说明机场勘测技术的现状及发展趋势。

# 第二章　场址初选预选阶段的勘测

场址初选是指按照任务书要求，在指定区域内选出所有可能修建机场的位置，并进行方案比选，确定出不少于五个的场址作为初选场址进行对比分析。这个阶段的勘测工作为初选场址提供区域性资料，并对确定的初选场址做验证性勘察与测量，主要任务是进行资料收集和现场勘察，也就是通常所说的选址勘测。

## 第一节　场 址 初 选

场址初选的目的是在指定区域内选出所有适合修建机场的位置，为完成这一任务，首先要明确机场选址的基本要求。

### 一、机场选址的基本要求

1. 民用机场选址基本要求

按照《民用航空运输机场选址规定》要求，民用机场场址应当符合下列基本要求：

(1)符合民用机场总体布局规划。

(2)机场净空符合有关技术标准，空域条件能够满足机场安全运行要求。

(3)场地能够满足机场近期建设和远期发展的需要。

(4)地质状况清楚、稳定，地形、地貌较简单。

(5)尽可能减少工程量，节省投资。

(6)经协调，能够解决与邻近机场运行的矛盾。

(7)供油设施具备建设条件。

(8)供电、供水、供气、通信、道路、排水等公用设施具备建设条件，经济合理。

(9)占用良田耕地少，拆迁量较小。

(10)与城市距离适中，机场运行和发展与城市规划相协调。

(11)中国民用航空总局(以下简称民航总局)认为必要的其他条件。

2. 军用机场选址基本要求

按照《勘测规范》(GJB)的规定，军用机场场址应符合以下要求：

(1)符合军事战略方针和作战意图，有利于航空兵部署，便于构成机场网。

(2)位于主要航路附近的机场，距航路边界不宜小于30km，跑道中线延长线在机场邻接区内不宜与航路交叉，特殊情况下应由主管部门研究确定。

(3)机场与城市规划边界、国境线、禁区边界、靶场(包括各种武器弹药试验、训练场)的位置要求以及空域设置应按相关规范规定执行。

(4)机场位置应符合环境保护要求,达到机场与周围环境长期协调发展的目的。

(5)机场位置应避开自然保护区,保护生态环境,维护生态平衡,并不得危害重点保护的珍稀和濒危动、植物。

(6)机场飞机噪声、污水、废气和烟尘排放应符合国家、军队标准的有关规定。

(7)所选场址应便于总体布局,少占良田,少移民,并有扩建的条件。

(8)所选场址应避开重要的矿区、旅游区和文物保护区,避免与工矿企业、农田水利、电力、通信、交通及其他军事设施相干扰。

(9)所选场址具有较好的气象、水文及工程地质条件,宜避开活动断裂、滑坡、泥石流、岩溶、沼泽、膨胀土、淤泥等不良地质地段,以及地磁异常、能见度差、易受洪水淹没、雷击频繁、鸟类聚集、地震设防烈度高于9度等地区。

(10)所选场址应水源充足、水质良好,有供电条件,交通运输方便,建筑材料易于保障,机场建成后有良好的生活保障条件。

(11)机场和导航台站电磁环境应符合《航空无线电导航台(站)电磁环境要求》(GB 6364—2013)有关规定。

(12)机场应考虑防护和伪装的自然条件,便于构筑防护工程,便于疏散、隐蔽和伪装。

## 二、场址初选阶段的工作流程

为了在指定区域选出适合修建机场的场址,一般要经历室内预选、拟订踏勘计划、现场踏勘三个阶段,有条件时还可组织空中勘测,各部分的方法和要求如下所述。

1. 室内预选

室内预选场址就是根据收集到的资料,在指定区域内通过图上作业尽可能预先选出区域内所有符合机场建设要求的场址点,为现场勘察指出方向。室内预选目前主要有两种方法。

(1)纸质地图预选法

传统的图上选址法步骤如下:首先,收集该地区军事、政治、经济和地形地质资料;其次,初步计算出跑道长度和飞行场地其他部分的平面尺寸;第三,把跑道长度、净空要求绘制在透明纸上,将透明纸放在指定区域的1:5 000、1:10 000、1:50 000地形图上,按机场选址要求,以初步分析确定的跑道方向为依据,尽可能选出所有净空、地形、地质条件好的场址;第四,将选出的场址标注到1:500 000的地形图上;第五,标出各个场址的跑道和净空带的平面位置,分析其与附近机场的关系,如是否符合机场布局要求,空域是否有干扰,与城市、禁区、航线的关系,从而去掉一些明显不合适的区域,保留可能的地区,作为现场踏勘的对象。

在图上作业过程中,一个位置点是否符合修建机场的要求,主要是考虑选定的场址能否放下一个机场,净空好坏,周围交通条件、地形、地质条件等。通过对比,作出初步评价,确定空中调查与现场踏勘的场址与注意事项。为便于比较,要填写各个拟勘场址情况对比表,对比表主要包括如下内容:

①场址名称、位置(跑道中点经纬度坐标)、跑道中点及两端高程。

②与邻近机场、城镇的位置关系。

③跑道方位(真方位角、磁方位角),端、侧净空情况,场区自然坡度。

④水文水系概况,电、交通、地质条件。

⑤跑道与附近山体距离,山体的基本特征。

传统的图上选址法是基于专家的个人经验开展选址工作,主要依靠选址专家对地形图的理解与分析,存在的主要问题是人为影响因素较大。同一个位置点,在不同情况下,不同专家的理解不尽相同,而且很容易遗漏符合机场建设的位置点。在室内预选阶段,如果遗漏了好的位置点,通过现场踏勘来发现该点的可能性就很小了。因此,近些年来,不少学者一直在研究采用计算机辅助机场选址来减少主观因素的影响。

(2)数字地图预选法

目前,数字地图已经逐步普及,采用数字地图进行机场选址是今后发展的必然结果。所以这里介绍在数字地图的基础上,采用计算机辅助机场选址的方法。计算机辅助机场选址是一个人机交互、反复修改优化、集设计与决策为一体的复杂过程,该过程受多种因素影响,需多层次分析,采用数字地图模拟选址方案的效果如图2-1所示。

图2-1　选址方案三维模拟示意图

基于数字地图的选址方法主要步骤如下:

①待建机场区域范围选定。一般可采用四种交互选择方式:一是通过鼠标在主显示区选取或键盘输入靶区中心点点位,通过鼠标圈选或设置区域范围半径,确定拟选场址区域;二是通过键盘输入一系列坐标点经纬度,系统自动按顺序连接,生成闭合拟选场址区域;三是通过鼠标在主显示区以绘制多段线的方式,手动生成闭合拟选场址区域;四是通过鼠标在主显示区框选拟选场址区域。

②选址参数设置。通过交互界面,输入必要的项目工程数据参数,如跑道长度、与主风向夹角值等,这些参数可作为机场选址的前提条件。

③气象条件分析。通过导入或人工输入历史气象条件,系统自动计算风保障率,得到主风向,确定跑道方向。

④净空条件分析。加载机场净空模型,根据机场净空模型与地表障碍物的DEM进行挖填方分析,计算飞行区、跑道、各净空限制面的超高障碍物情况,计算出挖方量与填方量,分析备选场址的净空条件,并推算出机场跑道设计高程。

⑤地形条件分析。采用基于DEM的邻域分析模型算法,根据用户筛选条件自动分析出拟选场址区域范围内地形相对较平坦处。

⑥通过气象条件、净空条件、地形条件综合分析,自动搜索出备选场址,并排序。

2. 制定现场踏勘计划

通过图纸上作业,确定出需要现场踏勘的场址后,应制定现场踏勘计划。现场踏勘计划主要包括以下几方面的内容。

(1)明确踏勘人员组成

踏勘人员可分为两大类,专业技术人员和保障人员。专业技术人员主要包括总图、场道、地质、供电、灯光、通信、导航、给排水、飞行程序等专业人员；保障人员主要包括当地向导、驾驶员及地方政府相关人员。

（2）确定应携带的仪器、工具

初选场址时，为了准确地将图上位置在实地标记出来，需使用GPS，而为了标出跑道的方向，还需使用指南针、标杆等工具，如需进行简单地质测绘、勘探工作，还应携带相关工具。最后应列出工具清单，并检查仪器、工具状态。

（3）制定踏勘线路与日常安排

根据拟踏勘场址的分布情况及当地的交通状况，制定合理的踏勘路线，如果踏勘地区交通不便，需要步行的应标明，并结合踏勘路线作出相应的日程安排。该部分内容对于踏勘工作的顺利开展起到指导作用，应咨询当地人员完成，切忌图纸上作业，脱离实际。

（4）明确各场址应重点了解的问题，并制定调研提纲

通过图上作业和资料分析，对选出场址的优缺点及存在的问题已经有了初步的了解，现场踏勘前，最好以列表的形式归纳出各个场址需要重点了解的问题，并针对问题制定调研提纲和资料收集目录。

当需要踏勘的地区较多、范围较大时，踏勘工作也可分组进行。但分组后，进行方案对比时，难以比较判断究竟哪个场址最好，因此，尽可能一组进行。

3. 现场踏勘

现场踏勘是对室内预选场址的实地考察，踏勘的目的是要检验地形图上的情况与实地是否相符，确定调查资料，以便根据现场实际的情况来判断该地是否能修建机场，如修建机场有哪些优点和缺点。初步查明各拟定场址的主要情况，为方案比选提供依据。如果场址条件较好时，可进行简单的地面测绘和少量的勘探工作，为定勘做好准备。现场踏勘可以分为以下几步来进行。

（1）组织踏勘调研会

到现场踏勘前，应先向省军区、军分区、当地政府汇报，以取得当地政府的帮助与支持。同时，以踏勘计划中的调研提纲为依据，协调当地政府组织各职能部门参加踏勘座谈调研会。座谈会涉及的职能部门主要有发展改革委、规划局、住房建设局、交通运输局、测绘局、文体局、地震局、供电局、工信委、环保局、林业局、土地局、水务局等。会议上，选址单位应将图上作业选出的场址向各职能部门进行介绍，并听取职能部门的意见和建议，对规划局规划的机场建设预留方向应重点关注。

通过座谈调研应初步了解场址所在地区是否有规划的新建工程，是否有大比例尺地形图以及当地的民政情况等。如有当地的农田水利规划，则勘测时应考虑修建机场后对此类设施的影响，如有影响应该如何解决；如有大比例尺地形图，则可不再进行测量，减少工作量。

（2）找到位置、核对地形

到达拟选场址后，首先应全面查看，判断与图上作业结果的一致性，以及是否具备进一步勘测的价值。如无勘测价值，则应及时转移到下一个拟选场址；如具备进一步勘测的价值，应根据地形、地物状况，找到机场位置点，结合地形图上跑道的位置、方向，核对地形、地物，如新建村庄、新开挖的渠道等可能图上没有，图上原有的地形、地物也可能发生变化，新的情况均要

简明地标在图上，使图纸和实际情况相符合。

(3)实地勘察

实地勘察的工作包括三个方面，即实地定位、现场巡视、现场调查。

实地定位是标定出飞行区、工作区、航站区等的实地位置。特别是标定出飞行区位置，其中重点是跑道中心位置和方向在实地的确定。跑道中心位置和方向的确定一般有两种方法：一是在实地指定(其基础也是图上概略确定)，再通过联测计算而得；二是在图上指定并读取，再在实地进行放样确定。

现场巡视的目的是初步查明各预选场址的主要情况，为场址比较提供依据。主要方法是围绕预定飞行场区走一圈，判断能否容纳一个机场，面积够不够，对基本具备修建机场的场址，要在现场初步确定跑道位置和方向，依跑道方向判断净空条件如何，或找净空条件好的方向判断地形能否作为跑道。确定跑道位置后，可沿着跑道中心线插几根花杆，或利用天然方位物作为导线，用测距仪、全站仪检查现场的长度能否满足跑道长度要求、纵横坡度的大小，有显著起伏的地区要测出高差和范围，场区以外的可用目视估计。如基本条件不满足，则应立刻转移。

现场调查主要是在基本建设条件满足后，进一步了解能否建设航站区、工作区等建筑，交通线路如何接引，工程地质等情况。如需更为详细的资料，可进行一些简单的地形、净空测量及岩土调查，还可找当地群众了解一些气象、水文、生产、民政等情况。

4. 空中勘测

空中勘测的特点是勘测速度快、视野广阔，能较全面地了解拟勘地区的情况。对于交通困难、无地形图地区，应实施空中勘测，以选出值得进行现场踏勘的场址，淘汰存在严重缺点的场址。对于任务紧、距离很远、交通不便的地区，如有条件，可采用空中勘测代替地面踏勘。空中勘测的优点是完成任务快，缺点是了解情况不详细，具体过程如下：

(1)空中勘测准备工作

根据图纸上所选机场位置，确定跑道方位，研究每一地区要了解的内容，绘出场区草图，标出跑道位置和方向、明显的地形地物点等，以便勘测时检查和记录。

根据使用部队的机种，算出所需跑道长度、净空坡度及小航线宽度等数据。

与飞行员详细研究飞行航线和在场区上空飞行的方法，这点很重要，如飞行员不了解意图，则无法按照要求飞行，便无法完成任务。

(2)空中勘测路线

为了取得较好的勘测效果，一般在拟勘场区上空采用低速飞行。具体飞行路线如下：

①按照地标找到预定跑道的位置和方向，使草图方向随航线方向的改变而改变，始终保持与地面方向一致，然后开始勘测飞行，其飞行线路如图2-2所示。

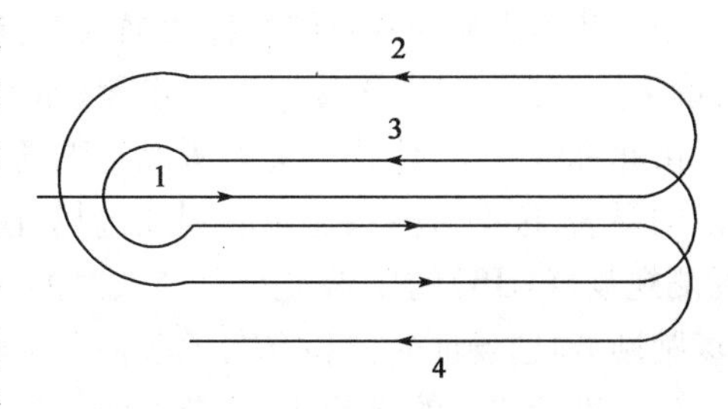

图2-2　空中勘测航路平面示意图

②使航线对准跑道轴线，调整飞行高度，在一定距离上开始以净空带要求的坡度下滑，下滑到离地50～70m后改为等速直线水平飞行，记下时间和速度，超过跑道后，按净空带要求的坡度上

升,直至上升到200m高度为止。如图2-2中的第1段,这段主要是检查净空带和跑道长度是否符合要求。

③在200m的高度上,按照小航线宽度和长度围绕跑道飞行一圈,如图2-2中的第2段。

④把飞行高度降低到50m左右,以超低空飞行所允许的最小安全速度绕跑道两侧飞行一圈,如图2-2中的第3段。这段主要是了解跑道的情况,如是否平坦,有没有树林、池塘、房屋等,看修建条件如何,土方量多少。

⑤把飞机升到200m、400m,在布置营区的一侧飞行一圈,如图2-2中的第4段,以了解营区布置情况、交通情况以及伪装条件等。

把了解到的情况记录在草图上,由于飞行速度快,不容易看清楚,每一项内容可以根据需要飞行2~3次,特别是了解跑道的情况时(图2-2中第3段),更要仔细了解。了解完后再按照预定航线飞到其他地区。

整个地区勘测完后,要做出结论,确定机场位置,以便进行地面详勘。在飞机可以着陆的地区,了解上述内容后,最好降落到地面上了解实际情况。

(3)空中勘测的内容

在飞行前向飞行员介绍勘测的目的和要求、勘选地区的地形情况,然后制定飞行计划。飞行开始时,应先环绕整个勘测地区飞行,观察周围的地形、地貌、地物情况,以便对整个拟勘地区有一个概括的了解,并注意发现新的适宜修建机场的位置。

对图纸上初选的场址逐个进行观察,其内容有:

①查看飞行场地可能的位置、净空、与邻近机场和城镇的关系、附近居民点、道路交通等情况。

②进行低空飞行,观察飞行场地的地形、天然坡度和缺陷等。

③模拟若干次着陆动作,查看端、侧净空情况。

④如机场配置洞库,要查看山体厚度及伪装、隐蔽情况。

⑤了解图上作业时提出的疑点。

⑥对于有进一步勘测价值的场址,要根据空中目测,在1:50 000地形图上修正已标出的飞行场地位置和净空带。

⑦空中勘测后,要对各个场址进行评价,修订现场选勘计划。

## 三、场址方案确定过程

机场场址选择,由于其涉及面广,在选址过程中需要考虑的因素较多。实际上,机场选址是一个涉及多方面因素且综合性很强的多目标、多属性优化决策问题。目前,从技术层面上来说,确定一个机场的位置需要四个步骤,如图2-3所示。

由此可以看出,传统意义上所说的机场选址,按照机场勘测规范的规定,实际上就是达到定勘的要求,选勘阶段只是完成到预选场址分析这一步。如图2-3所示的机场选址的流程与《勘测规范》(GJB)的要求实际上是一致的,也就是说《勘测规范》(GJB)明确了在图上作业、现场踏勘、预选场址分析和方案优选各个阶段的具体工作。

由于机场建设的复杂性,各级管理部门对机场场址的确定也相当谨慎,因此其报批的程序相对于其他工程也比较复杂,图2-4给出了民航机场选址的审批程序。

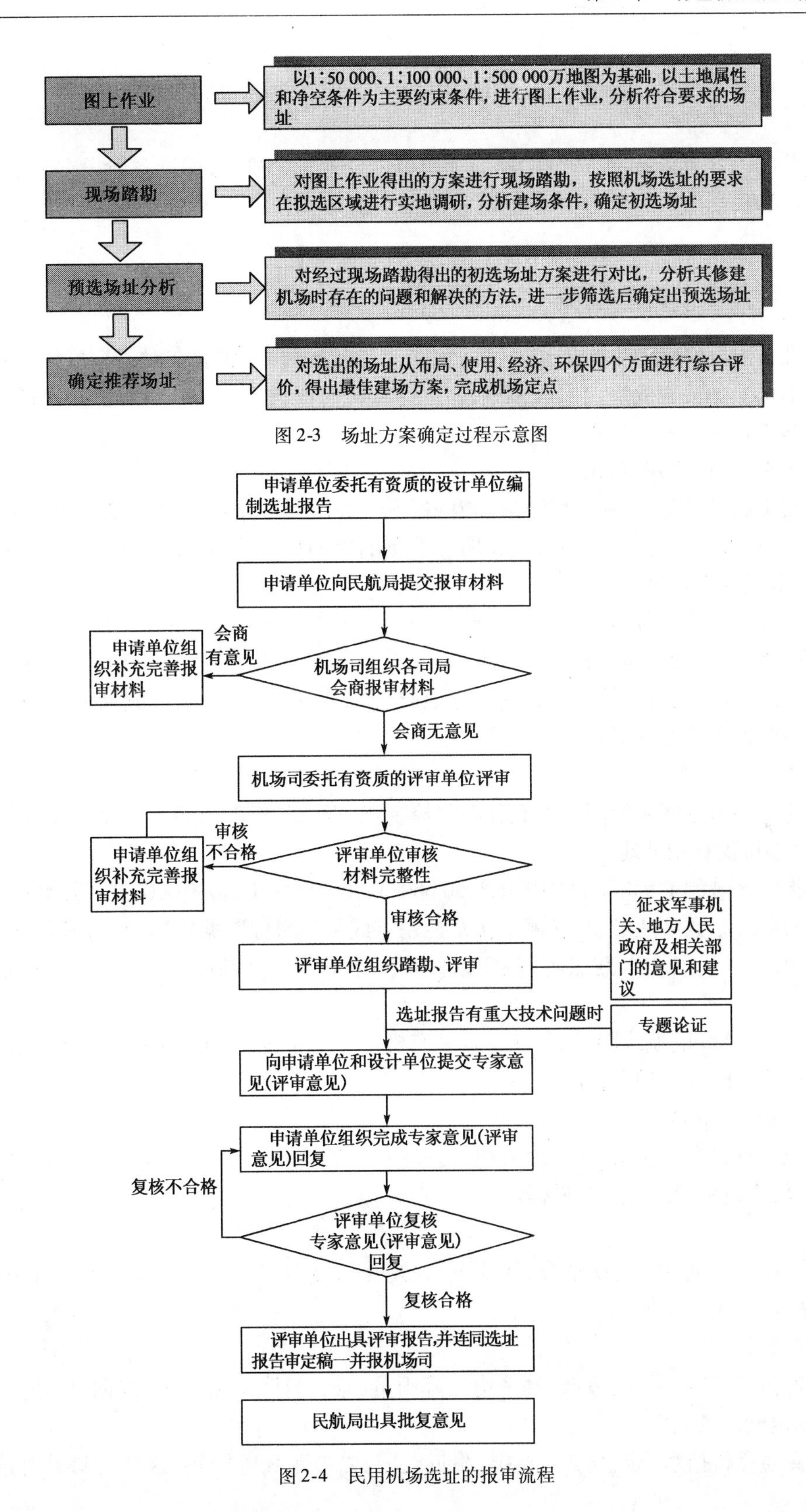


图 2-3　场址方案确定过程示意图

图 2-4　民用机场选址的报审流程

## 第二节　场址初选阶段的勘测工作

从上节的内容可以看出，选址阶段的工作可以分为三个阶段，即准备阶段(室内工作)、现场踏勘阶段和后期的资料汇总分析阶段。每一个阶段工作的开展对勘测工作都有着不同的要求。

### 一、选址准备阶段的勘测

选址准备阶段要做的主要工作是室内预选，而室内预选是建立在对指定区域资料的综合分析的基础之上。要完成室内预选，必须要进行系统的资料收集工作，因此，这个阶段的勘测工作主要是资料的调查和收集。

1. 资料收集的目的与形式

资料收集的目的是了解拟选机场区域的概况。在资料收集阶段要做到心中有数，应征求各专业人员意见，列出需求资料目录，在明确没有漏项的情况下，可协调政府相关部门以文件形式下发，组织资料收集。

2. 资料收集的范围与内容

资料调查、收集的范围是整个拟选场址的区域，资料收集涉及省、市地质、水电、气象、交通、测绘、建设等部门，收集的内容包括工程地质、水文气象、测绘三角点成果表、GPS 国家控制点、建设规划、民政情况等资料。

(1)收集测量控制点信息

收集任务书指定区域的国家平面和高程控制点，以及其他部门的永久性测量标志。

(2)收集可供利用的地形图

收集指定区域的1:5 000、1:10 000、1:50 000、1:500 000 ~ 1:1 000 000 或更大比例尺的地形图、航空遥感影像、数字地形图、航测影像及控制点成果和影像数据资料，明确国家或相关部门设立的三角点、导线点和水准点等资料，以便在图上确定选择机场的位置，了解该地区交通情况。

收集 1:500 000 的航线图，以了解附近现有机场分布情况、跑道方向、机场等级、禁区和国家航线的位置范围等，以便选址时参考。

(3)工程地质资料

工程地质资料主要包括：区域地质图、构造图(1:50 000 ~ 1:200 000)、地震等资料。如历史地震情况、震级和烈度、地震破坏等。

(4)水文资料

水文资料指区域水文地质情况，如地下水的埋深、类型、变化规律、水质水量等情况，还有附近河流的最高最低水位、洪水期等。

(5)气象资料

气象资料指温度(最高、最低、日平均)、降雨量(最大日降雨量)、风(风向、风速)等。

(6)水电交通资料

水电交通资料指水、陆、空交通情况，附近电网、供电距离等资料，这些资料是对选出场址的合理性进行分析的保证。

(7)相关的发展和规划资料

相关的发展和规划资料主要是指区域内农林、水利、铁路、公路、航道、城建、电力、环保等部门的有关规定和发展规划及相关的设计、科研成果等资料，并了解场区附近一般自然地理概况。

(8)收集有关飞机资料

收集拟选机场主要使用机型的相关资料是为了确定跑道长度、净空要求等。如未明确使用机型，可考虑按照机场等级和相应机型来确定，还应向有关部门了解机场的使用要求，近期和远期的规划，如近期使用的机型及数量、年起降架次、年飞行总时数、客货运输量等，以及选勘地区周围现有和拟建军用及民用机场的位置、等级、跑道方向和高程、航路及禁区等资料。

## 二、现场踏勘时的勘测

现场踏勘过程中，对满足基本条件的场址，根据需要进行必要的测试与分析，这方面的工作主要包括：场区地形图的修测、净空测量以及岩土工程勘察。

1. 场区地形图的修测要求

初选场址时，主要利用的是比例尺为 1∶10 000、1∶50 000、1∶100 000 和 1∶500 000 的地形图。但在现场踏勘中，常会发现地形图与实际不相符的现象，这主要是因为传统地图更新速度较慢。为了满足工程建设的需要，则需对拟勘区域的地形图进行修测。

地形图修测主要是供规划机场各功能区使用。对地形图的修测主要是利用已有 1∶10 000 或更大比例尺场址地形图进行，工作的主要内容是进行现场复核，补测新增主要地物，并将现场规划的跑道方案联测标绘于图上。

若场区无可利用的地形图，就需要按照要求测出飞行区、主要营区、库区的 1∶10 000 地形图，其测量技术要求为：草图可按 1∶25 000 地形图的精度施测，其测绘面积与机场等级、规模和地形条件有关，一般在 $10km^2$ 左右。该阶段的测量是为获得一个大致的量的概念，不用作设计基础，故可将精度放低。草图的主要内容应为场区内的主要地物，尤其是有明显方位的地物点、高压线路、通信及地形特征点。

一般地形测量只测绘场区就行，场址有国家或地区控制点的，必须进行联测，没有国家或地区控制点的，可布设独立的图根平面控制网，高程控制可采用三角高程测量。其技术要求可按《工程测量规范》(GB 50026—2007)中图根控制测量的要求。

2. 净空测量

场址初选阶段的净空测量工作是在拟选场址净空图的基础上开展的。在图上作业阶段，已经初步对场址的净空条件进行了分析，并在 1∶50 000 或 1∶100 000 地形图上绘制了机场净空图。现场踏勘阶段，净空测量主要是核对地形图上判定的障碍物点，对于现场发现的疑似障碍物的点进行测量，测量的对象有显著突出地面的人工障碍物(如高塔、烟囱、高楼、发射塔、高压线塔等)和天然障碍物(如山顶、土岗等)，需测出这些障碍物与机场的相对位置(方位和高程)，并将障碍物的位置在净空图上标记出来，判定其对飞机起飞、着陆安全的影响。因此，场址初选阶段的净空测量，以图上作业为主，补测为辅。天然障碍物与机场的相对位置可直接从地形图上判读,对于地形图上没有的人工障碍物,可进行补充测定。

净空区障碍物补充测量的主要测量过程是,先在1:50 000或1:100 000地形图上标出跑道的位置和净空区的范围,找出净空区范围内对飞行安全有影响的障碍物,然后到现场测定这些障碍物的平面位置和高程,并标到地形图上。净空区测量范围见表2-1。

**净空区范围**(单位:km) 表2-1

| 机场等级 | 一级 | 二级 | 三级 | 四级 |
|---|---|---|---|---|
| 跑道两端 | 14 | 20 | 20 | 20 |
| 跑道两侧 | 6.5 | 13.1 | 15 | 15 |

较远净空障碍物点的平面位置和高程通常采用三点前方交会与三角高程测量的方法测定。对于近侧净空区内地形复杂的障碍物点,可采用全站仪或GPS测定。采用三点前方交会时公共边的较差不得大于$5 \times S$,交会角不得小于30°,其平面点位误差与高程误差的技术要求见表2-2。

**净空区障碍物测量技术要求** 表2-2

| 项　　目 | 平面点位误差 | 高程误差(m) |
|---|---|---|
| 近侧净空区的障碍物 | 1/300 | $0.05\sqrt{[D^2]}$ |
| 远侧净空内的障碍物 | 1/200 | $5 \times S$ |

注:表中点位是相对测站控制点;$D$为各导线边长度,以百米为单位;$S$为测站点至净空点的距离(km)。

净空测量无论是图上解析还是现场测定,最终目的是生成净空平面图和净空剖面图。在净空平面图上应标出跑道位置、端净空面、侧净空面、大地北和磁北方向、风徽图、净空区内各障碍物位置与高程;在净空剖面图上要标出净空限制面坡线和障碍物的高程。

3.岩土工程勘察

场址初选阶段岩土工程勘察的目的是初步了解拟选场址的区域地质稳定性,地形、地层岩性、水文情况、地下水情况,特殊岩土、不良地质现象的分布及有无地磁异常、有无影响修建机场的矿藏、天然建筑材料的来源。

场址初选阶段对于简单和中等场地可不进行勘探,对于复杂场地可进行少量的坑探或钻探。关于场地复杂程度的划分,可见《岩土工程勘察规范》(2009年版)(GB 50021—2001)要求。

目前,遥感技术的发展,为该阶段的地质勘察提供了新的方法。可考虑在场址初选阶段采用遥感图像分析拟选场址工程地质条件。采用遥感进行工程勘察,主要的工作内容与技术要求如下:按照机场的地理位置、工程的特点和规模,图像解译的范围应为机场选址范围四周外扩500~1 000m;根据收集的资料,解译拟选场址的地形、地貌、地层、岩性、地质构造、大型不良地质现象与特殊性岩土分布范围等;对代表不同岩性类别、地貌、地质构造等解译成果,以及大型不良地质阶段的范围、位置等进行外业调查验证,必要时应辅以其他适当的勘察工作来验证。

初选场址阶段岩土工程勘察的最终结论是,在概略掌握拟选场址的工程地质、水文地质条件,论证不良地质与地震活动的作用对拟选场址影响的基础上,从工程地质、水文地质、环境地质等角度进行综合分析、比选,论证机场建设的地质环境、评价拟选场址的建设条件。

## 三、踏勘完成后的资料调查

1. 资料调查的目的与形式

现场踏勘完成后，初期图上作业选出的场址的现场条件已经比较明确，需对各场址进行进一步的分析、对比、排序，这时就需要具体了解各个场址的情况。因此，这个时期进行资料调查的目的是了解各个拟选场址的建设条件概况。进行资料收集时，应给出明确的机场坐标和建设用地范围，针对这些场址列出需收集的资料目录，协调政府相关部门以文件形式下发，组织资料收集。

2. 资料收集的对象与内容

现场踏勘后资料收集针对性较强，对象主要是经过踏勘后符合机场建设的场址。经过踏勘后对场址进行进一步的分析，包括拟选场址和自然条件、社会条件的关系等多个方面。由于机场建设不仅与地形、地质工程条件、净空条件有关，还与当地的自然条件和经济技术条件有关，机场位置也可能因某项自然条件或经济条件不合适而被否定，因此，在踏勘完成后，勘测工作的主要内容表现为对拟选场址进行资料调查。资料初步调查内容主要包括气象资料、水文资料、自然条件、经济条件、军事概况等方面的内容。

(1)气象资料。选择能代表场址气象条件的气象台(站)，统计不少于最近连续10年(特殊地区5年)的各风向频率、最热月每日最高气温的多年平均值，并注明气象台(站)位置和高程。

(2)水文资料。了解场址附近的自然水系、水灾情况(包括水灾原因、淹没范围、持续时间等)、水利建设情况。

(3)自然条件。了解交通运输、供水、供电、建筑材料来源、古迹、旅游景点、当地风俗习惯、流行性疾病、卫生及环境污染等情况。

(4)经济条件。了解场址附近城镇的发展规划、工农业建设规划、社会治安、政治条件、民工来源、技术力量、机场占地移民等资料。

(5)军事概况。了解场址附近军事机关、电磁波干扰、后勤供应、医疗单位等情况。

# 第三节　预选场址确定

经过图上作业、现场踏勘、资料收集等工作阶段，初选场址的基本工作就完成了，这时候保留下来的场址还是比较多的，结合收集到的资料对场址进行排序，确定出五个场址作为初选场址，通过重点对五个初选场址分析，从中确定出三个预选场址，作为进一步勘察分析的对象。

对于军用机场而言，从众多的场址中确定出初选场址、预选场址，主要考虑的影响因素是地面条件和净空条件。地面条件主要对比场址的土石方工程量、进场公路条件、对城市规划的影响、配套设施建设方面、文物古迹情况及其他方面(如场址周围均无较大电磁环境影响，场地下无压覆磁铁矿，未发现有开采价值的矿产)等。净空条件按照机场净空规格分析拟选场址净空区内障碍物分布情况，对比各场址净空条件。

对于民用机场，主要对比的要素有六个方面：①区域经济和城乡规划；②空域规划；③综合交通系统规划；④市政配套；⑤地质、地貌、气象、水文；⑥土地与环境保护。首先要考虑的是区域经济和城乡规划;空域规划是第二个要考虑的问题,空域问题是航空运输体系的特征;后四个要素大多可以通过工程投资等各种办法去解决。但其中环境要素比较特殊,在环境问题越来越被重视的情况下,有可能因为环境要素不达标,使选址方案被全盘否定。实际上,环境问题和城乡规划有密切关系,若两者能较好结合,环境问题也可以被处理得比较妥当。综合交通系统规划指的是为机场配套的交通设施的情况,即交通设施是否已经存在,是否能够逐步完善。不同的市政配套设施成本高低不同,不同的项目选址也会导致市政配套设施成本投入不同。地质、地貌和气象要素是工程建设,尤其是机场项目必须考虑的问题,如起雾天数多少对机场的选址非常重要。对于地质、地貌来说,过去往往选地质条件比较好的地方来建设机场,现在则逐渐转向选用地质条件比较差的区域来建设,因为好的地块都是高质量的农田。过去是只要工程地质条件好,机场选址即确定,实际上,这样的选址方式并不能合理利用土地。现在有的机场建在戈壁滩上,使用最差的土地来建设交通工程设施已经被大家所接受,如上海浦东机场就是填海建设的机场,跟过去相比这是变化比较大的地方。现在,政府部门对土地和环境的管理非常严格,对耕地的保护也越来越重视。所以,遇到机场项目选址久拖不定时,大多是因为上述六个要素的不确定。久选不定的常见问题是忽略了各个要素的轻重缓急。如北京新机场选址争论了十几年,其焦点就在于对新机场与区域经济和城乡规划的关系方面有不同的认识。选址看起来简单,实际上要考虑的因素非常多。事实上,选址有时候也决定了项目本身能否成功。

当场区处于地震区时,应考虑地震效应的影响。当遇到不良地质条件时,应对不良地质现象进行调查,查明其成因、分布及发展趋势。

## 第四节　编制初选场址阶段报告书

场址初选及预选阶段,民航一般不要求编制相应的报告书,只是在完成选址后编制总的选址报告书。军用机场建设程序与民用机场存在差异,根据管理部门要求,有时需编制选勘报告书,但报告书内容不局限于机场测量、勘察,还包括机场选址的过程和方案对比。2012 年颁布的《勘测规范》(GJB),对 1995 年颁布的勘测规范中关于选址勘测报告编制的要求进行了修改,将其分为测量选址勘测报告和岩土工程选址勘测报告,两部分组成如下。

### 一、工程测量选勘报告书

工程测量选址勘测报告书主要包括六个方面的内容。

(1)工程概况。主要介绍工程规模、性质、用途、防护要求等。

(2)工作概况。主要介绍选址勘测的依据、人员组织、工作区域、工作时间、方案选定等。

(3)位置。主要介绍机场地理位置、跑道方向和高程。

(4)坐标系。主要说明测量时采用的坐标系,如控制测量采用机场独立坐标系时,还应说明该系统和国家或该地区统一坐标系统的换算公式。

(5)控制网。主要说明机场测量控制网采用独立布网时,与国家控制网联测的坐标、高程与方位角。

(6)附件。选址勘测工程测量报告书应附的图纸资料,包括机场关系位置图(1:500 000 ~

1:1 000 000)、各比选场址总体布局地形图(1:10 000 ~ 1:50 000)、场址关系位置图(1:10 000 ~ 1:50 000)、区域交通简图(1:100 000 ~ 1:500 000)以及可供定勘工作参考的有关资料。

## 二、岩土工程选勘报告书

岩土工程选址勘测报告书主要包括七个方面的内容。

(1)工程概况。主要介绍工程规模、性质、用途、防护要求等。

(2)工作概况。主要介绍选址勘测的依据、人员组织、工作区域、工作时间、方案选定等。

(3)地区概况及建设条件。主要介绍区域地理位置、行政区划、地形地貌、水文气象、人口、社情疫情、经济、交通、能源、天然建材、有无可利用的工程设施等。

(4)区域构造稳定性分析。重点分析有无活动断层及其危险性,地震基本烈度,初步评价地区总的稳定状况。

(5)场区地质条件。主要介绍各个比选场址水文地质和工程地质条件及其存在的问题。

(6)方案比选与建议。从勘察的结果出发,对各比选场址的主要情况进行比较、分析,评价各比选场址的优缺点,进行排序,并针对具体场址提出下阶段勘察工作的意见和建议。

(7)附件。岩土工程选址勘测报告书应附的主要资料有岩土工程勘察报告及附件(含地质平面图、剖面图、柱状图、工程地质条件说明书、各种测试成果图表)、各种调查图表。

## 三、初选场址报告书

新的勘测规范中将选址勘测报告书分成工程测量、岩土勘察两部分,使得前期的选址工作更加细化,有一定的合理性。但这种分法也存在问题,缺少对选址勘测阶段成果的综合分析。在选址勘测阶段,按照勘测规范的要求,要对各拟选场址进行初步的对比分析,最终确定出三个预选场址。这个过程是一个有关自然、社会、经济等方面因素的综合分析过程,工程测量和岩土工程只是其中的一部分,而这个综合分析的过程在这两个报告中就无法体现。比如初步比选场址时,从工程测量和岩土工程的角度分析,场址建设条件都是十分适宜的,但如果该场址处于国家自然保护区或国家级文物保护区,则是无法作为备选场址的。因此,在两个主要专业选址勘测报告的基础上,还需编写初选场址报告,作为选址勘测阶段的最终报告,工程测量、岩土工程报告可以作为初选场址报告的附件。当前,民航机场选址过程,不对预选场址做单独的评审,因此可不编写综合报告,该部分的内容,在总的选址报告中体现。

如需编写初选场址报告,报告内容可按以下五方面组织。

### 1. 概述

概述部分应说明选勘的依据、组织及经过,各预选场址的地理位置,在政治、经济、国防等方面的意义及机场网中的作用。在此基础上,阐明拟修建机场的原则和推荐方案在技术上的可行性和先进性。

### 2. 社会经济概况

机场周围社会经济概况主要包括人口、工业、交通运输、旅游事业、主要资源等的现状和发展,以及与拟建机场的关系,此外还应包括机场近期与远期的规划意见。

### 3. 机场概况

机场概况应说明拟选场址飞行场地方向、规模,场区附近的主要控制点、净空,与邻近机场的关系，飞行场地的地形、地质、水文、地震、建筑材料、水电、交通、占地移民，冲沟、水库影响，严重不良地段与场址及其他建筑设施、城镇干扰等。

4. 方案比选

方案比选应评价各拟选场址的可行性和适宜性，提出有定勘价值的场址的优缺点，并进行详细分析比较，讨论推荐出 2 ~ 3 个较好场址作为预选，即后期定点勘察的对象，并提出存在的主要问题及对下一步定勘工作的建议。军民合用机场，应说明能否满足民用运输基础技术标准的情况以及当地政府和民航部门的意见。

5. 报告的附件

报告书附件应包括工程测量选址勘测报告书、岩土工程选址勘测报告书、主要工程量估算结果、可供定勘工作参考的有关资料。附图应包括机场地理位置示意图、机场关系位置图（1:500 000 ~ 1:1 000 000）、各预选场址的总体布局地形图（1:5 000 或 1:10 000）、各预选场址的净空平面图（1:50 000）和剖面图（水平比例为 1:50 000）等。

## 复习思考题

1. 选址勘测阶段的主要任务是什么？
2. 资料收集阶段，主要收集哪几方面的资料？
3. 室内预选场址的方法有哪些？分析其优缺点。
4. 资料收集和资料初步调查的区别是什么？
5. 空中勘测的主要步骤有哪些？
6. 现场勘察的目的是什么？
7. 现场勘察主要工作内容有哪些？
8. 地形图修测的依据是什么？
9. 选勘阶段净空测量的主要方法是什么？
10. 选勘报告书应包括哪几方面的内容？
11. 选勘报告书附的图纸主要有哪些？

# 第三章　机场定点阶段的勘测

机场定点工作是指通过对比分析，最终确定出拟建机场位置点的过程，机场定点标志着选址工作的结束。定点阶段的勘测工作，也就是所谓的定勘，是指在选勘提供资料的基础上，对保留作为定勘对象的场址进行深一步的勘测调查，为机场定点和编制设计任务书提供依据。

经过场址初选、预选阶段，原来的多个选址方案只剩下三个适合的地区。这些地区之所以能保留而不被淘汰，说明主要条件基本都满足，各有其优缺点。要在其中选出一个最佳的场址，就必须进行更深入、更全面、更细致的调查研究，详细地加以比较才能得出正确的结论。因此，定勘阶段的工作主要包括三个方面，即机场功能区的规划，拟建场址的资料调查、测量、勘察和多方案对比分析。需要强调的是虽然这一阶段的勘测工作比选勘要深入、细致，但是所进行的工作是为比较场区位置好坏用的，而不是为设计直接提供资料，不要求过于详细。明确了这个目的，也就了解了这个阶段工作的特点，针对这个特点进行勘测工作，既要符合要求，又要避免浪费不必要的劳动力。

## 第一节　定点阶段的功能区规划

一个大型机场的系统组成如图3-1所示，它分为两个主要部分，即空侧和陆侧。航站楼形成这两部分的分界处，图中空侧部分流程表示飞机运行流程，陆侧部分流程表示旅客运行流程。

进行到定点方案比选阶段，就是根据机场系统组成进行机场功能区的规划。这个阶段各个功能区的规划主要是结合场址建设条件确定功能区的位置和规模，从而确定测量和工程勘察的范围。

定勘阶段考虑的功能区主要包括飞行区、飞行保障区、飞机维护区、供油区和其他功能区，对于民航机场还有航站区、货运区以及地面交通系统。

### 一、飞行区和各功能区位置关系

1. 各功能区内建筑物与滑行道应设置在跑道的同一侧

在飞行组织过程中，为了确保飞机起飞着陆滑跑的安全，人员和车辆等不许穿越跑道，也不能在跑道端通过，必须在离开跑道端足够远的地方通过。而飞行保障区的建筑物与设置在滑行道边上的集体停机坪联系较密切。因此，如果飞行保障区的建筑物与滑行道分别设置在跑道的两侧，则会造成使用不便。

2. 各建筑物分别靠近联系较密切的地点

为了使用方便，各个建筑物的位置应分别靠近与它联系较密切的地点。例如，航材库的位置应靠近飞机修理厂和飞机定检厂，货运仓库应靠近机坪等。

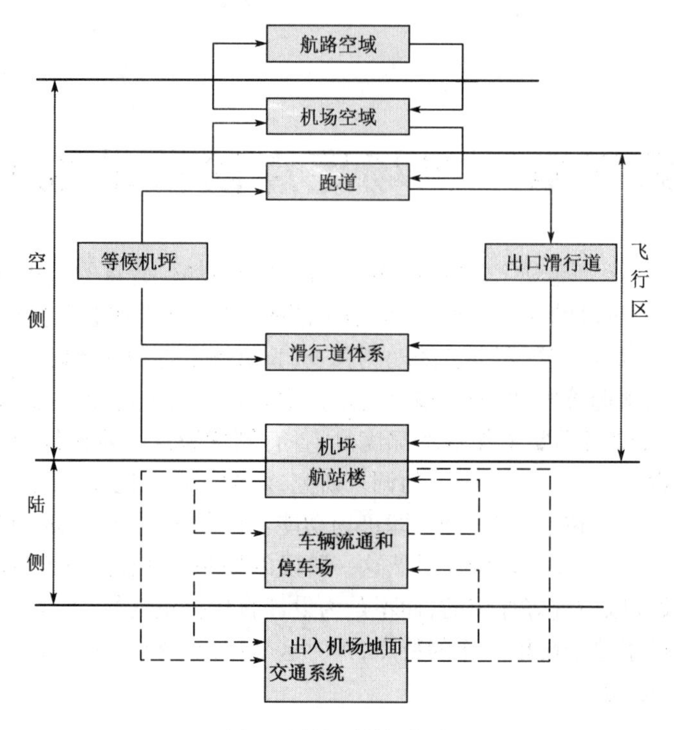


图 3-1　机场系统组成图

3. 各功能区通往飞行区的道路或拖机道尽量不穿越铁路、公路干线或大河流

在选择飞机维护区、保障区以及附属设施建筑物的位置时，要尽量使得通往飞行区的道路或拖机道不穿越铁路、地方公路干线或大河流，否则也会引起使用不便。

4. 各建筑物应避开近端净空

飞机在近端净空区域飞行高度较低，而且噪声较强烈。除了近、远距中波导航台以外，其他建筑物的位置要避开这个地区，以确保飞行安全并尽量减少噪声的危害。

5. 各功能区建筑物宜相对集中

机场上有许多建筑物，为了安全、便于管理和使用，这些建筑物宜适当地分散布置，但又不宜过于分散，相互距离拉得太大就会增大工程投资，如增加机场内道路、暖通、水电等管线的长度以及相应设施的费用。因此，在满足安全、便于管理和使用的基础上，各建筑物宜相对集中。

上面介绍了各功能区规划的一些基本原则，该阶段应以此为依据，确定机场各功能区的总体布局，从而确定出各功能区在场区的具体位置，明确下一步测量和勘探的范围。

## 二、各功能区内建筑物规划

飞行区的规划，已在选勘阶段初步完成，定勘阶段主要针对其他功能区。

1. 飞行保障区设施规划

(1) 飞行保障区建筑物选址原则

所谓飞行保障区建筑物，就是指保证飞机活动的各项技术勤务保障设施。飞行保障区建筑物根据用途可分为保障飞行指挥的系统和通信导航系统。其选址原则主要表现在两个方面:在使用上,要考虑彼此之间的工作联系和使用方便,为保证飞行安全和工作联系的方便,各个建筑物应设置在与主滑行道相同的一侧,工作联系紧密的建筑物应尽量靠近,如气象台靠近指挥调度室;在经济节约上,要照顾人民群众的利益,各个建筑物用地要尽量利用山地、荒地或劣地,不占良田,少占耕地,不迁移居民和村庄,不损坏青苗。决不能只顾军队方便,不顾群众利益,更不能只顾局部,不顾全局。如确实必须要占用耕地或迁移村庄,应尽量节约用地,赔偿损失,并征得地方党政机关许可,才能考虑配置建筑物和设施。

(2)飞行保障区建筑物规划

飞行保障区建筑物种类较多,在进行定点勘测的时候要了解机场要修建哪些建筑物、修在什么位置,它们相互之间的关系。这部分介绍的建筑物种类繁多,但是只要掌握各个建筑物的用途、组成及位置要求,就可以在选址中达到事半功倍的效果。

①保障飞行指挥系统

保障飞行指挥系统所需的主要建筑物有:指挥调度室、指挥车停车坪、收发信台、气象台及其观测场。

a.指挥调度室是平时指挥飞机起飞、降落和空中飞行,保证与飞机通信联络用的建筑物。它的位置应便于观察整个飞行场地,一般设置在距主滑行道中间点正后方500~600m的地方。为使指挥调度室中无线电设备不受干扰,它的位置与飞机修理厂、特种车辆停车场的间距不小于200m,距电焊设备不小于1 000m。实际上,为了工作方便往往把收信台和指挥调度室配备在同一建筑物内。布置时应注意与飞行场地各个建筑物之间交通联系的方便,在指挥调度室附近应布置一个停车坪。

b.指挥车停车坪。一般飞行时,是在指挥车上进行指挥。指挥车组共5~8台汽车,需修专门的停车坪,一般采用低级道面。它的位置设在“T”字布后方50~80m处。

c.收发信台指无线电接收中心和无线电发射中心所需要的建筑物和设备。收信台通常配置在指挥调度室内。发信台的位置根据其技术要求,应设在机场区域的外沿,距飞行指挥单位不应小于2.5km,它的占地面积约为150m×150m。选择发信台的位置时还应考虑到周围自然障碍物的高度和距离,不致影响天线的发射效率。

d.气象台是设置气象观测设备的建筑物,它由工作室、制氢室和观测场三部分组成。为观测气象、预报天气,应设置在能确定机场当地气象条件的地段上。气象台工作室应设置在指挥调度室附近,或设置在指挥调度室内。观测场应设置在气象台工作室的附近,距周围的房屋和建筑物要有70~150m的距离,距离高大建筑物距离为其高度的3~10倍,距山谷、水库、树林有150~200m的距离,周围地势应平坦开阔。制氢室是制取氢气供观测气球使用的建筑物,因氢气容易爆炸,其位置必须离观测场和有易燃、易爆材料的建筑物有不小于50m的距离。

②通信导航系统

通信导航系统所需的建筑物一般有近、远距导航台,超短波定向台,着陆雷达站,灯光信号设备和通信连营房等主要建筑物。

a.近距中波导航台设置在距跑道端900~1 500m左右的地方,最佳距离为1 000m,通常跑道两端各设一座,但是有的机场只在跑道主着陆方向(即着陆次数较多的方向)上设置一座;远距中波导航台设置在距跑道端4 000~7 000m左右的地方,最佳距离为6 000m,通常跑道两端各设一座，有的机场也只在跑道主着陆方向上设置一座。近、远距中波导航台之间的距离应不少于3 000m。对于某些净空条件复杂的机场，当两端远净空范围内有较高障碍物时，在这些障碍物的最高处有时增设中波导航台，以保证飞机着陆的安全。近、远距中波导航台的场地环境要求，以其天线为中心，半径100m的范围内，地势较高，应平坦、开阔；场地宜为电导率高的土壤，不宜选在有砂石或岩石的土地上。中波导航台天线中心点与各种地形、地物之间的最小距离如表3-1所示。进入中波导航台的通信和电源线缆，应从中波导航台天线中心点150m以外埋入地下。陡峭的山麓、山谷地带不宜设置中波导航台，但山顶场地可以设置中波导航台。

**中波导航台天线中心点与各种地形、地物之间的最小距离**（单位：m）　　表3-1

| 地形、地物名称 | 允许的最小距离 |
| --- | --- |
| 高于3m的树木，3～8m的建筑物、公路 | 50 |
| 高于8m的建筑物 | 120 |
| 铁路、金属栅栏、金属堆积物、电话线、广播线、架空低压电力线、电力排灌站、110kV以下架空高压输电线 | 150 |
| 悬崖、海岸斜坡、江河堤坝 | 300 |
| 110kV以上架空高压输电线 | 500 |

b. 超短波定向台通常设置在跑道主着陆方向上远距中波导航台前面或后面300～500m左右的地方。对于保障简单气象条件飞行的三级机场，也可将超短波定向台设置在机场区域的其他适当地点。在设有精密进场雷达站的机场，超短波定向台可与精密进场雷达站设置在一起。超短波定向台的场地环境要求，以其天线为中心，半径150m的范围内，地势较高，应平坦、开阔，场地倾斜坡度不应超过±1°；场地宜为均匀的高电导率的土壤，不宜选在有砂石或岩石的土地上；场地周围的山脉、丘陵以及离开定向台天线70m以外的建筑物，相对于超短波定向台天线杆基座所处地平面的垂直张角不应大于2.5°。进入超短波定向台的通信和电源线缆，应从距超短波定向台天线300m以外埋入地下。陡峭的山麓、山谷地带不宜设置超短波定向台，但可选在四周向下均匀倾斜的独立高地上。超短波定向台天线与各种地形、地物之间的最小距离如表3-2所示。

**超短波定向台天线与各种地形、地物之间的最小距离**（单位：m）　　表3-2

| 地形、地物名称 | 允许的最小距离 |
| --- | --- |
| 低于5m的树木和灌木丛、低于3m的砖石建筑物 | 70 |
| 5～10m的树木 | 200 |
| 铁路、公路、埋设深度小于0.5m的地下管线、广播线、架空低压电力线(35kV以下)、电话线 | 300 |
| 江河、湖泊堤岸和海岸 | 400 |
| 35～110kV(不含)架空高压输电线、电气化铁路、机库 | 500 |
| 110kV及以上架空高压输电线 | 700 |

c. 雷达站是为测定飞机空中位置的装置修建的特种建筑。它被设置在飞行场地上跑道两侧的中部，通常根据场地环境条件和方便管理的原则，确定配制在平地区或土跑道以外，距跑

道中线 120 ~ 225m 的地方,距飞机着陆接地点的后撤距离对称装定时不小于 760m,不对称装定时不小于 480m,见图 3-2。具体站址要根据跑道长度、场地环境条件以及保障单向还是保障双向着陆等情况而定。要求着陆雷达和飞机着陆接地点的连线与跑道中线构成的夹角(图 3-2 中的 $\theta$)对称装定时小于 9°,不对称装定时小于 14°。

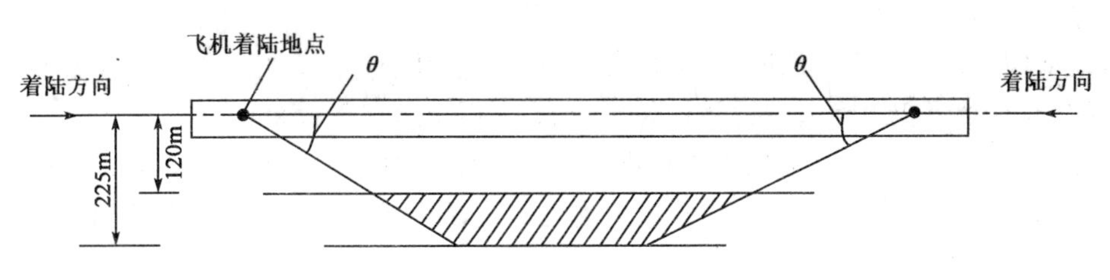


图 3-2　可供配制着陆雷达的区域图

2. 飞机维护区

飞机维护区主要是指保障机务、供应与飞机维护的系统,所需修建的主要建筑物有保障单位值班室及小库房、"四站"、飞机修理厂、汽车库及其修配车间等。

保障单位值班室(附小库房)是后勤保障值班人员用来办公、休息的建筑物。有时也存放少量必要的消耗器材,通常设有校间库房。它的位置一般设置在工作人员较集中的加油线附近,主滑行道的外侧,场内平行公路内侧的地段上。

"四站"是制氧站、充氧站、冷气站和充电站等四个站的简称,它们通常设置在平行道路外侧附近较隐蔽的地方。飞行员高空飞行所需要的氧气是由飞机上氧气瓶供给的,氧气瓶内的氧气是由制氧站供给的,制氧站内的主要设备是一台制氧车,制出的氧气直接充入氧气瓶内,然后运到充氧站。制氧站应设在四站区内的上风方向,距办公、住宅区 100m 以上,距其他建筑物 30m 以上。充氧站的主要设备是一台充氧车,车内装上几瓶充满氧气的氧气瓶,可以开到停机坪后向飞机上的氧气瓶直接充氧,其位置宜设在平行道路外侧的四站区内适当地点。飞机的刹车和收放起落架等主要用冷气(即压缩空气)来操纵,这些冷气由冷气站供应。冷气站内有几台空气压缩机生产冷气,并充到冷气瓶内,然后运到停机坪,向飞机补充冷气。冷气站宜设在四站区内适当地点。充电站主要是给飞机上的航空电瓶充电,保证飞机运行期间的一切供电。先在充电站给地面电源车上的电瓶进行充电,然后再由地面电源车开到停机坪给飞机上的电瓶进行充电。充电站宜设在四站区内的下风方向,距产生粉尘的建筑物、烟囱、公路干线等 50m 以上。

飞机修理厂担任飞机中期维修、部件修理和零配件检修与制作。主要的建筑物是容纳飞机的厂房,要修理的飞机就在厂房里分解和进行修理。厂房两侧或附近有修理飞机各个部件和设备的车间。厂房前有一个长方形的修机坪,用水泥混凝土筑成,可以容纳数架飞机。修机坪的一侧要比较开阔,没有什么障碍物,修理的飞机可以在这里进行试车。修机坪要有拖机道通往飞行区。飞机定检厂担任飞机定期检修和更换发动机,应设置在滑行道或拖机道的附近地点。主要建筑物和飞机修理厂相似,只是规模小一些。

汽车库及其修理车间是指停放机务、供应及飞机维修所需的运输和特种汽车的建筑物,以及修配汽车的工作间。它的组成主要有技术检查站、汽车保养站和加油站,以及修配工作间,还有汽车驾驶员的值班室和宿舍。

3. 供油区

供油区即机场油库。飞机的耗油量非常大，为保证飞行训练能及时供上油，机场需建有航空煤油油库。通常，每个机场有两个油库，一个是基地油库，另一个是消耗油库。油料通常由火车运来，用油泵输入基地油库，然后通过输油管送到消耗油库，再用输油管或运油车送到加油坪或停机坪向飞机加油。

基地油库是机场的主要油库，容量很大，有数千吨，甚至达万余吨。为了安全起见，应修成地下式的，并且设置在距跑道较远和较隐蔽的地方，距跑道宜3～5km。

消耗油库是为了便于向飞机加油而修建的小型油库，容量为1 000～2 000t，通常也修成地下式或半地下式的，设置在加油坪或停机坪附近较隐蔽的地方，距跑道不小于1km，要有道路直通加油坪或停机坪。

4. 其他功能区

对于军用机场来说，其他功能区还包括武器保障区、飞机疏散区、外场营区、内场营区等，对于民用机场来说，其他功能区还包括航站区、货运区、行政办公区、生活区、附属设施等。相关设置要求，可参考《机场规划设计》（蔡良才）、《机场规划设计与环境保护》（钱炳华）。

# 第二节　定点阶段的资料调查

## 一、资料调查的对象及方式

进入定勘阶段后，资料调查的对象相当明确（即3个确定的预选场址），所以针对性也就更强。但这个阶段的资料调查不仅仅局限于机场飞行区，还需针对各功能区的资料进行调查、统计，因为只有对一个场址的资料进行了全面的统计调查，才能进行科学的方案对比。这个阶段的资料调查可以采用现场走访、调查当地村民、开座谈会以及协调政府相关部门针对具体场址下发文件组织资料收集等方式。

## 二、资料调查的内容

定勘阶段的资料调查比选勘阶段要详细得多，而且更具有针对性。主要包括气象资料、水文资料、供电情况、供水情况、建筑材料情况、占地移民情况及自然保护区、机场环境影响评价资料七个方面的内容，主要要求分别如下。

气象资料主要应包括：各月平均气温，极端最高气温，极端最低气温；各月平均气压；各月平均降水量，24h最大降水量或1日最大降水量，一次连续最大降水量及历时，一次最长连续降水量及历时，有条件地区要收集暴雨公式或自记雨量资料；降雪初终日期及最大积雪深度；各月平均蒸发量；各月平均绝对湿度、相对湿度、饱和差；年最大冻土深度及冻结初终日期；分别统计能见度≤500、501～1 000、1 001～1 500、1 501～2 000、2 001～3 000、3 001～4 000、4 001～5 000、5 001～10 000、>10 000m所占的次数和频率；分别统计16个方位风速为0～5、5.1～8、8.1～10、10.1～13及13m/s以上所占的次数和频率，绘制风徽图，注明每天观测次数和时间；各月平均降雨、降雪、霜冻、晴、阴、雾、大风、雷暴、冰雹、沙尘暴等各种天气日数；在气象条件复杂的地区，应考虑风、低云、能见度水平、降雪、降雨及雷暴等对飞行的影响，取不少于连续三年的资料逐日分析可能影响飞行的天数。对上述资料，应选择能代表场址气象条件的气象台(站)，收集不少于最近连续5年的数据，降水部分应收集历年数据，并注明气象台(站)的名称、地址、高程及其与场址的相关位置。

水文资料主要应包括：场址低洼或靠近江、河、湖、海，曾被山洪或湖水淹没的地带，应查明洪涝灾害发生年代，推算其重现期并调查淹没范围和持续时间，标在1:5 000或1:10 000地形图上，还应调查场址上游的汇水面积，推算洪水可能造成的冲刷或淤积情况，并做出防洪排水规划；当河流被规划的飞行场地切断需局部改道时，要测绘河流断面与坡降、规划改河方案；场址靠近海岸与修筑防洪堤的地区，应调查潮水或水位涨落规律，记录最高水位及台风海啸情况，测量防洪堤顶与洪水位高程；若有水流冲刷场址时，应调查水流特性、河床与岸坡的地层结构、土壤颗粒组成、密实度以及冲刷塌岸等情况，搜集当地防洪护岸经验，提出防治建议；若场址位于大、中型水库的拦水坝库区上游时，要了解水库最高设计水位及受水浸的情况；场址位于水库下游时，应调查水库及其配套设施的详细情况和最大泄洪量，并分析水库一旦破坏可能产生的影响；场址及其附近若有泥石流等危害时，应调查其活动规律，分析其危害程度，搜集当地防治经验，并估算防治工程规模；调查场址周围农田灌溉，水利规划情况以及建场后机场排水对农业生产有无影响。

交通运输情况主要应包括：场址附近现有公路及计划近期新建、改建公路的等级、线路、坡度、路基与路面宽度、路面结构、行车密度、桥涵承载能力等；调查场址附近铁路车站位置、等级、股道数量和有效长度等，做出机场铁路专用线的规划方案；有水上运输条件的地区，应调查通航里程、各季节水位、船只吨位和数量、现有码头的装载能力、航运发展规划及码头至场址的道路状况。

供电情况主要应包括：发电场的位置，总装机容量，经常发电量，剩余容量，允许供电量，近期发展规划；变电所的位置，设备容量，一次电压，二次电压，剩余容量，允许供电量，供电电压；高压线路的位置、走向、输电电压和沿途供电情况；规划接电线路并估算工程量。

供水厂情况主要应包括：水厂的供水能力，可供给机场的水量，包括日供水量和小时最高供水量；供水的水压、收费标准；水厂近期和远期发展规划。

建筑材料情况主要应包括：当地砂、石、水泥、石灰、砖、瓦、木材、竹材和工业废渣等建筑材料的产地、产量，能供应的数量、质量以及交通运输、单价等情况；若自采砂、石材料时，应勘察材料质量，估算储量；绘制砂、石材料分布示意图。

占地移民及自然保护区情况主要应包括：场址及附近各居民点的户数、人数，需要搬迁的户数、人数；需拆迁的房屋数量、质量和每平方米的价格；占用水田、旱田、荒地、经济林园等的亩数，各类土地的产量和单价；征用鱼塘、池塘数量及其价格；迁坟数量和费用；其他拆迁项目，如道路、输电线路、通信线路、农田排灌设施等，应与有关部门研究拆迁方案并估算所需费用；场址及附近自然保护区分布情况、范围及鸟的种类；当地社会情况、风俗习惯、地方病和疫情等。少数民族地区，还应收集场址及附近天葬场的分布情况及鸟的种类。

机场环境影响评价资料主要应包括：飞机噪声、机场排出的污水、废气对机场区域工作环境及附近居民生产、生活环境的影响；机场在施工和使用期间，对动植物的生态环境、自然资源、文化古迹有无干扰和破坏作用；机场建设对附近军用设施、电波的干扰程度。

# 第三节　机场定点阶段的工程测量

## 一、地形测量

1. 测图范围

根据机场总体布局方案，确定测图范围，其面积宜为 10 ~ 30km²。主要测出跑道和整个飞行区的位置，用来规划跑道位置和方向，估计土方量。防洪排水工程主要施测洪水位高程、出水口高程及容泄区面积。

2. 测图比例尺

这个阶段使用的地形图比例尺一般为 1:5 000，等高距根据地形起伏的状况来确定，一般为 0.5m，考虑到跑道有前后左右移动进行方案优化的要求，测图范围要比规划的跑道位置稍大一些，应优先采用数字测图或利用场址已有 1:5 000 或 1:10 000 的地形图对机场范围进行修测。如有大比例尺地形图，则只需要对其进行核对与补测。如机场有修建洞库的要求，则需测下列地形图：洞库平面位置图（1:2 000）、洞库口部地形图（1:500）、洞库轴线纵断面图（1:500 ~ 1:1 000）。

3. 平面控制测量技术要求

平面控制网的设计，应结合已收集的测量资料和机场总体布局方案，在现场踏勘和周密调查研究的基础上进行，并应在设计中对控制网进行优化。

（1）控制网的总体要求

平面控制点位置的选定应符合下列要求：

①相邻点之间通视，点位能长期保存；

②便于加密、扩展和寻找；

③观测视线避开发热体和强电磁场的干扰，且超越（或旁离）障碍物 1.3m 以上；

④控制点之间避免高差较大的现象。

平面控制网宜采用独立布网，并与国家控制点联测，统一于国家坐标系。平面控制测量包括飞行区、工作区、航站区及线路等范围，宜整体布设和平差计算，如分区、分级布设应联系于主控制网上。平面控制网的布设，应考虑详勘阶段的需要，符合因地制宜、技术先进、经济合理、确保质量的原则。

平面控制网的坐标系统，应在满足测区内投影长度变形不大于 2.5cm/km 的要求下，做下列选择：

①采用统一的高斯投影 3°带平面直角坐标系统；

②采用任意的高斯投影 3°带平面直角坐标系统；

③在已有平面控制网的地区，可沿用原有的坐标系统；

④采用机场独立直角坐标系统。

特殊情况下，当投影长度变形值大于 2.5cm/km 时，可采用投影于抵偿高程面上的高斯投影 3°带或任意带平面直角坐标系，并对测区抵偿高程面加以说明。

控制网与国家或地区控制网进行联测，且其等级高于国家或地区控制网时，应保持其本身的精度。控制网的计算应运用两个坐标系统，即国家或地区大地坐标系和机场独立直角坐标系，并提供两个坐标系之间的换算公式。宜将跑道中线设置为机场独立直角坐标系的水平轴，跑道中线的中点设置为使机场总体区域坐标为非负数的机场独立直角坐标系的非零原点。

（2）控制网的建立方法

平面控制网的建立，可采用卫星定位测量、导线测量、三角测量或三边测量等方法。考虑到拟建机场地区已经避开了城镇、大型厂矿及人口密集区，且测图面积在 30km$^2$ 以内，因此其控制网精度满足 1:1 000 比例尺地形图精度即可，基于此，结合工程测量规范要求，对各种技术方法中的部分要求进行了修正，具体要求如下所述。

采用 GPS 技术建立全区总体控制网或基准点的联系测量时，可按照卫星定位测量二等、三等技术要求进行，用于区域控制时，可按照四等、一级、二级要求执行，具体指标见表 3-3。

**GPS 测量控制网的主要技术指标**　　表 3-3

| 级别 | 相邻点之间的平均距离（km） | 固定误差 $a$（mm） | 比例误差 $b$（ppm） | 施测时段数 | 有效观测卫星总数 | 最弱相邻点点位中误差（mm） | 最弱边边长相对中误差 |
|---|---|---|---|---|---|---|---|
| 二等 | 8.0 | 5 | 2 | ≥4 | ≥6 | 5 | ≤1/120 000 |
| 三等 | 4.0 | 10 | 5 | ≥2 | ≥6 | 10 | ≤1/70 000 |
| 四等 | 2.0 | 10 | 10 | ≥1 | ≥6 | 10 | ≤1/40 000 |
| 一级 | 1.5 | 10 | 20 | ≥1 | ≥4 | 20 | ≤1/20 000 |
| 二级 | 0.8 | 10 | 20 | ≥1 | ≥4 | 20 | ≤1/10 000 |

注：1. 各级 GPS 网相邻点最小距离可为平均距离的 1/3 ~ 1/2；最大距离可为平均距离的 2 ~ 3 倍。

2. 最弱边边长相对中误差为约束平差后的最弱边边长相对中误差，和其他各等级控制网的指标相同。

当采用导线测量建立控制网时，技术要求依次为三、四等和一、二、三级导线，具体指标见表 3-4。

**导线测量的主要技术要求**　　表 3-4

| 等级 | 导线长度（km） | 平均边长（km） | 测角中误差（"） | 测距相对中误差（mm） | 测回数 | | | 方位角闭合差（"） | 相对闭合差 |
|---|---|---|---|---|---|---|---|---|---|
| | | | | | 1"级仪器 | 2"级仪器 | 6"级仪器 | | |
| 三等 | 14.0 | 3.0 | 1.8 | 1/150 000 | 6 | 10 | — | $\pm3.6\sqrt{n}$ | ≤1/55 000 |
| 四等 | 9.0 | 1.5 | 2.5 | 1/80 000 | 4 | 6 | — | $\pm5\sqrt{n}$ | ≤1/35 000 |
| 一级 | 6.0 | 0.5 | 5.0 | 1/30 000 | — | 2 | 4 | $\pm10\sqrt{n}$ | ≤1/15 000 |
| 二级 | 4.0 | 0.25 | 8.0 | 1/14 000 | — | 1 | 3 | $\pm16\sqrt{n}$ | ≤1/10 000 |
| 三级 | 2.0 | 0.1 | 12.0 | 1/7 000 | — | 1 | 2 | $\pm24\sqrt{n}$ | ≤1/5 000 |

注：1. $n$ 为测站数。

2. 当测区测图的最大比例尺为 1:1 000，一、二、三级导线的导线长度、平均边长可适当放长，但最大不应大于表中规定相应长度的两倍。

当采用三角测量或三边测量时，技术要求依次为二、三、四等和一、二级小三角，主控制网点应埋设永久性标石。平面控制测量主要技术要求见表 3-5、表 3-6。

三角测量的主要技术要求 表3-5

| 等级 | 平均边长(km) | 测角中误差(″) | 起始边边长相对中误差 | 最弱边边长相对中误差 | 测回数 | | | 三角形最大闭合差(″) |
|---|---|---|---|---|---|---|---|---|
| | | | | | 1″级仪器 | 2″级仪器 | 6″级仪器 | |
| 二等 | 3.0 | ±1.0 | ≤1:250 000 | ≤1:120 000 | 12 | — | — | ±3.5 |
| 三等 | 2.0 | ±1.8 | ≤1:150 000 | ≤1:70 000 | 6 | 9 | — | ±7.0 |
| 四等 | 1.0 | ±2.5 | ≤1:100 000 | ≤1:40 000 | 4 | 6 | — | ±9.0 |
| 一级 | 0.5 | ±5.0 | ≤1:40 000 | ≤1:20 000 | — | 2 | 4 | ±15.0 |
| 二级 | 0.3 | ±10.0 | ≤1:20 000 | ≤1:10 000 | — | 1 | 2 | ±30.0 |

三边测量的主要技术要求 表3-6

| 等　　级 | 平均边长(km) | 测距相对中误差 |
|---|---|---|
| 二等 | 9.0 | ≤1:250 000 |
| 三等 | 4.5 | ≤1:150 000 |
| 四等 | 2.0 | ≤1:100 000 |
| 一级 | 1.0 | ≤1:40 000 |
| 二级 | 0.5 | ≤1:20 000 |

4. 高程控制测量

高程系统应统一采用“1985 国家高程基准”。高程控制测量可采用水准测量、三角高程测量、GPS 高程测量等多种测量形式。三角高程、GPS 高程必须附合在几何水准控制点上,其精度应符合相应等级要求。平地及三等以上高程控制应采用水准测量,山地、丘陵地带及四等以下高程控制可以采用三角高程测量、GPS 高程测量等方式。水准测量的主要技术要求应遵守表3-7 的规定,各级 GPS 控制网和三角高程的高程联测应不低于四等水准测量的精度要求。高程控制的首级网应布设成环行网,加密时宜布设成附合路线或结网点;高程控制网的布设,在平坦地区宜和平面控制网统一布设,山地、丘陵地带宜独立布设。

水准测量的主要技术要求 表3-7

| 等级 | 每千米高差全中误差(mm) | 仪器类型 | 水准尺类型 | 路线长度(km) | 观测次数 | | 往返较差、附合或环线闭合差 | | 观测读数取位(mm) |
|---|---|---|---|---|---|---|---|---|---|
| | | | | | 与已知点联测 | 附合或环线 | 平地(mm) | 山地(mm) | |
| 二等 | ±2.0 | $DS_1$ | 因瓦 | — | 往返 | 往返 | $\pm 4\sqrt{L}$ | — | 0.01 |
| 三等 | ±6.0 | $DS_1$<br>$DS_3$ | 因瓦<br>双面 | ≤50 | 往返<br>往返 | 往<br>往返 | $\pm 12\sqrt{L}$ | $\pm 4\sqrt{n}$ | 0.1 |
| 四等 | ±10.0 | $DS_3$ | 双面 | ≤16 | 往返 | 往 | $\pm 20\sqrt{L}$ | $\pm 6\sqrt{n}$ | 1.0 |
| 五等 | ±15.0 | $DS_3$ | 单面 | — | 往返 | 往 | $\pm 30\sqrt{L}$ | — | 1.0 |

注:1. 节点之间或节点与高级点之间,其路线长度不应大于表中规定的0.7倍。

2. $L$ 为往返测段,附合或环线的水准路线长度(km);$n$ 为测站数。

水准点应选在土质坚硬、便于长期保存、引测和使用方便的地点，可设置于稳定的岩石或构筑物上，点位应做永久性或半永久性标志，并标记。水准点间的距离一般宜小于1km。

5. 地形图测绘

地形图上地物点相对于邻近图根点的位置中误差，等高线插值点的高程中误差应遵守表3-8的规定。

**图上地物点的点位及等高线插值的高程中误差**　　表3-8

| 图上地物点的点位中误差(mm) | | 等高线插值的高程中误差(mm) | | | |
|---|---|---|---|---|---|
| 主要地物 | 次要地物 | 平原 | 微丘 | 重丘 | 山岭 |
| ≤ ±0.6 | ≤ ±0.8 | $\leqslant(1/3)h_d$ | $\leqslant(1/2)h_d$ | $\leqslant(2/3)h_d$ | $\leqslant h_d$ |

注：1. $h_d$ 为等高距(m)。

2. 隐蔽、施测困难的地区，可按上表放宽50%。

地形图的基本等高距应遵守表3-9的规定。

**地形图的基本等高距要求**　　表3-9

| 测图比例尺 | 基本等高距(m) | | | | |
|---|---|---|---|---|---|
| | 平坦地 | | 丘陵地 | 山地 | 高山地 |
| | $\alpha<1.5°$ | $1.5°\leqslant\alpha<3°$ | $3°\leqslant\alpha<10°$ | $10°\leqslant\alpha<25°$ | $\alpha\geqslant25°$ |
| 1:5 000 | 0.5 | 1.0 | 2.0 | 5.0 | 5.0 |
| 1:10 000 | 1.0 | 2.0 | 2.5 | 5.0 | 10.0 |

注：$\alpha$ 为地面倾斜角。

地形点间距和视距长度应遵守表3-10的规定。

**地形点间距和视距长度的要求**　　表3-10

| 测图比例尺 | 地形点间距(m) | 视距长度(m) | |
|---|---|---|---|
| | | 主要地物 | 次要地物及地形点 |
| 1:5 000 | 100 | 300 | 350 |
| 1:10 000 | 200 | 300 | 400 |

注：平坦地区成像清晰，视距长度可放宽20%。

地形图测绘内容除按国家颁布的有关规定执行以外，尚应满足如下要求：

①具有判别方位的目标应测绘，独立地物能按比例尺表示的，应实测外廓，填绘符号；不能按比例尺表示的，应正确表示其定位点或定位线。

②耕地、经济园林等界限应绘出，并注记说明。

③居民点应测绘轮廓，轮廓凸凹在图上小于1mm时，可用直线连接，对村落和居民点应注记村名、户数、人数。

④泉源、水井、池塘、钻孔、探井、坟墓等主要地物应测绘，并标注高程。

⑤通信线路、高压输电线路应测绘，并注记离地面高度或埋设深度及负荷，居民区低压电线、通信线可择要测绘。

⑥将规划的跑道位置测绘于地形图上。

⑦通过和国家或地方坐标系的联测与计算取得跑道方位、中心线两端点和中心点的大地坐标成果。

在定勘阶段测量工作中，应沿跑道中线埋设3~5个半永久性标志桩。

6. 控制点标志

测量过程中，对于控制点应建立相应的标志。控制点标志的建立应符合以下要求：控制测量桩应采用混凝土桩，尺寸规格应符合工程测量规范（GB 50026—2007）的规定。有特殊要求的控制测量桩，其尺寸规格、形状等应专门设计。各级控制测量桩必须设有中心标志，中心标志应牢固。平面控制测量桩的中心标志的刻画应细小、清晰，高程控制测量桩的中心标志顶端应圆滑。不同的控制测量桩共用时，必须满足各自的埋设和作业要求，标志规格以其中较高者为准。临时控制桩应采用木质桩，断面不应小于5cm×5cm，长度不应小于30cm。标志桩应采用木质桩或竹质桩，断面不应小于5cm×1.5cm，长度不应小于30cm。控制测量桩应埋设在基础稳定、易于长期保存的地点，埋设时应使其具有足够的稳定性。临时性控制桩、标志桩应具有一定的稳定性。控制测量桩应在其表面标注点名（号）；控制测量桩、桩志等应按照起、终点方向顺序连续编号；做方案比较时，桩号前应冠以比较方案代号；机场测量符号宜采用汉语拼音字母，有特殊要求时可采用英文字母。

## 二、净空测量

净空区障碍物测量是定勘阶段测量工作的重点之一。定勘阶段的净空测量应在选勘阶段净空测量的基础上，对净空区障碍物进行复测，应以实测为主，测量完毕要提交净空平面图和净空剖面图。在机场建设前期，只有在这个阶段对净空区障碍物进行精确测量，在下一个阶段就不需要再进行净空区障碍物测量，因此，要尽可能准确测出净空区范围内所有障碍物的位置，尤其是离机场很近的高大障碍物，如烟囱、铁塔等。此外，净空区内有铁路、公路、江河或高压线穿越时，应测出车、船或高压线穿越的最高高程。对可能影响飞行的较远距离的障碍物应尽可能利用已有1:10 000地形图或航摄照片进行障碍物点位数据的采集，如无此条件，可采用三点前方交会法进行测量，并标注在1:50 000或1:10 000地形图上。

1. 净空测量方法

长期以来，机场工程设计人员对机场净空区障碍物测量方法进行了全面的研究，主要使用的测量方法有以下几种：

（1）经纬仪前方交会法

早期净空区障碍物测量使用的仪器为光学经纬仪，主要原理是采用经纬仪三点前方交会法来测定障碍物，其主要原理如图3-3所示。三点前方交会需要建立三个通视的测站点，在每个测站点应测出与障碍物的垂直夹角（$\delta_1$、$\delta_2$、$\delta_3$），相互之间的水平夹角（$\alpha_1$、$\beta_1$、$\alpha_2$、$\beta_2$），以及相互之间的距离（$S_{AB}$、$S_{BC}$）。障碍物水平角的测量方法通常采用测回法，它分成测量前半测回和测量后半测回两个阶段，以保证精度。

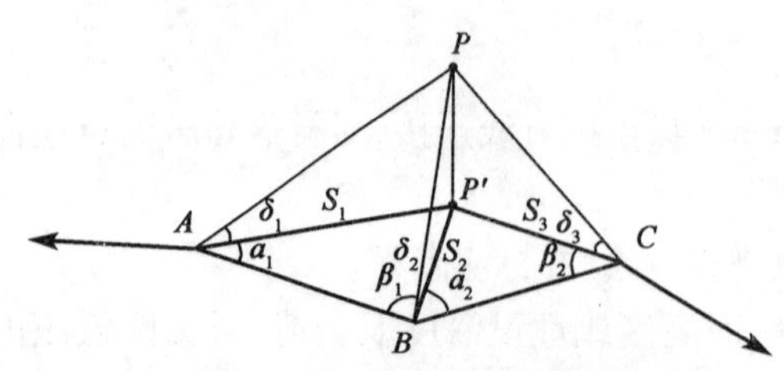


图3-3　三点前方交汇原理示意图

测得以上数据后，可按照以下公式计算P点的平面坐标：

$$\begin{cases} X_{P1} = \dfrac{X_A\cot\beta_1 + X_B\cot\alpha_1 + (Y_B - Y_A)}{\cot\alpha_1 + \cot\beta_1} \\ Y_{P1} = \dfrac{Y_A\cot\beta_1 + Y_B\cot\alpha_1 + (X_A - X_B)}{\cot\alpha_1 + \cot\beta_1} \end{cases} \tag{3-1}$$

$$\begin{cases} X_{P2} = \dfrac{X_B\cot\beta_2 + X_C\cot\alpha_2 + (Y_C - Y_B)}{\cot\alpha_2 + \cot\beta_2} \\ Y_{P2} = \dfrac{Y_B\cot\beta_2 + Y_C\cot\alpha_2 + (X_B - X_C)}{\cot\alpha_2 + \cot\beta_2} \end{cases} \tag{3-2}$$

$$\begin{cases} X_P = \dfrac{X_{P1} + X_{P2}}{2} \\ Y_P = \dfrac{Y_{P1} + Y_{P2}}{2} \end{cases} \tag{3-3}$$

$P$ 点高程值也可同时由下式计算得出：

$$\begin{cases} S_1 = \dfrac{\sin\beta_1}{\sin(\alpha_1 + \beta_1)}S_{AB} \\ H_{P1} = H_A + I_A + S_1\tan\delta_1 \end{cases} \tag{3-4}$$

$$\begin{cases} S_2 = \dfrac{\sin\alpha_1}{\sin(\alpha_1 + \beta_1)}S_{AB} \\ H_{P2} = H_B + I_B + S_2\tan\delta_2 \end{cases} \tag{3-5}$$

$$\begin{cases} S_3 = \dfrac{\sin\beta_2}{\sin(\alpha_2 + \beta_2)}S_{BC} \\ H_{P3} = H_C + I_C + S_3\tan\delta_3 \end{cases} \tag{3-6}$$

$$H_P = \frac{H_{P1} + H_{P2} + H_{P3}}{3} \tag{3-7}$$

式中：$I_A$、$I_B$、$I_C$——各个测站点的仪器高。

在能见度允许的情况下，使用三点前方交会的方法可以测出任意距离、任意类型的障碍物的位置及高度。但其精度较低，且计算繁琐，测量时需要先确定三个相互通视的测站点。

(2)机场净空监测仪的应用

鉴于光学经纬仪前方交会法测量净空区障碍物时存在精度不高、需要依赖的客观条件较多、自动化程度不高等问题，2002 年，有关单位研制了“机场净空激光监测仪”（简称“净空监测仪”），主要用于准确地测量评定机场净空范围内的建筑物、地貌等障碍物的方位、高程及超高情况。净空监测仪主要由激光测距仪、测距触发器、光学经纬仪、计算机及其外部输出设备组成，是集光学、机械、微电子、计算机等高技术于一体的精密测试系统（图 3-4）。同其他测量仪器相比，其最大的优点在于可勘测范围较大，通常可达数公里，这样就可大大减少

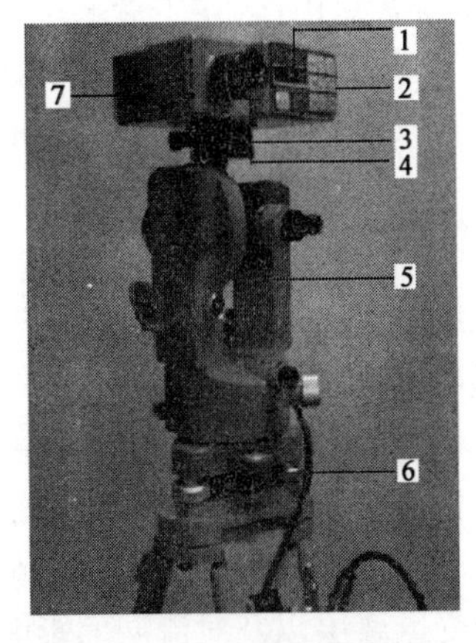


图 3-4　机场净空激光监测仪组成
1-显示窗口；2-操作键盘；3-接口座；4-瞄准目镜；5-光学经纬仪；6-电源电缆；7-激光测距仪

测站点的数量，从而减少工作量，提高效率。

使用净空监测仪进行勘测时，首先需要在障碍物周围确定一些测站点的平面位置及高程，再根据测出的距离、竖直及水平方向夹角计算出待测障碍物的位置、高程。

净空监测仪激光发射功率较大，可以对大范围内的障碍物进行测距，且精度较高。所需的测站点数量少，计算简便，内业工作量小。但净空区障碍物中有很大一部分是人工建筑，这些建筑物的顶端通常反射面积较小，使用测距仪可能会由于无法接收到激光反射信号而无法直接测出测站点至障碍物间的距离。

(3)全站仪三角高程测量在障碍物高度测量中的应用

随着全站仪应用的日益普及，人们也开始探讨其在机场净空区障碍物测量中的应用。实地调查显示，净空区障碍物大多是高大建筑物顶的避雷针、电信通信发射塔、高压输电线塔架等，这些目标分布范围广，不易攀登到达，这给测量作业造成很大困难。使用全站仪进行三角高程测量则可以较好地解决这一问题。

进行测量时，应首先在障碍物附近确定一个控制点，在此处架设全站仪，将反射棱镜安置在障碍物的正下方，如图3-5所示。

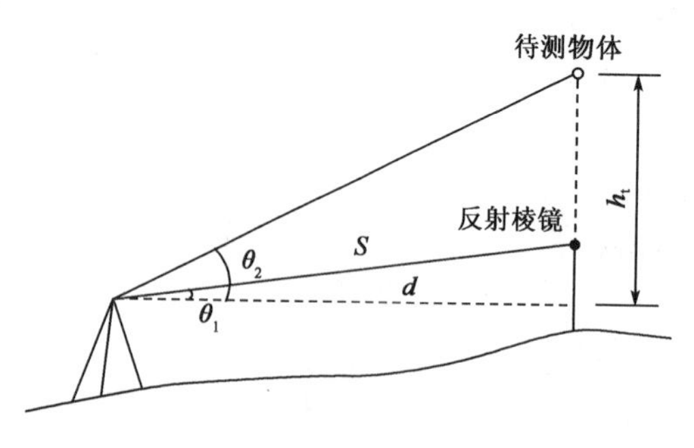


图3-5　全站仪三角高程原理示意图

图中，$h_t$ 为障碍物与仪器的高差，$S$ 为仪器到棱镜斜距，$d$ 为仪器到棱镜的水平距离，$\theta_1$ 为仪器与棱镜的竖直夹角，$\theta_2$ 为仪器与障碍物的竖直夹角。

则障碍物高度可由下式计算：

$$\begin{cases} d = S\cos\theta_1 \\ h_t = d\tan\theta_2 \end{cases} \tag{3-8}$$

根据上式就可以求出障碍物的高度。测量时，应在障碍物点附近确定两个可通视的控制点，这样可提高精度，并且使用全站仪的相应功能就可直接确定障碍物的平面坐标。如果在高悬物体(如高压电塔)正下方无法安置棱镜时，可以采用前文所述的三点前方交会的方法进行测量。

使用全站仪进行勘测是工程勘测中常用的方法，其精度高且使用简便。但最大的缺点是激光器功率小，测距时必须使用反射棱镜，而许多障碍物是不可能将棱镜至于其顶部的。

(4)GPS技术在净空测量中的应用

随着科技的发展，使用全球定位系统(Global Positioning System，即GPS)测量任意位置的三维坐标已成为可能，将GPS测量技术用于机场净空区障碍物测量也是当前净空区障碍物测量的主要研究方向之一。

当前，更加先进的实时动态差分测量技术(Real Time Kinematic，即RTK)集合了GPS卫星定位、快速解算、数据无线传输、快速跟踪等多项先进技术，其测量模式和测量速度、精度比以往的测量方式有了很大的变革。对于一般接收机来说，RTK平面定位精度为±1cm，高程上由于受电离层以及对流层的影响较大，精度略逊，其精度为±2cm。这一精度已完全可以满足净空测量的要求。但使用GPS进行净空区障碍物测量的最大缺点是净空区障碍物分布范围较大，且有些障碍物无法到达其顶部，因此无法将接收机置于障碍物顶部，也就无法用GPS完成直接的障碍物测量。

2. 净空测量技术要求

当采用三点前方交会进行净空测量的时候,应满足表3-11的要求。

**三点前方交会的主要技术要求** 表3-11

| 基边相对精度 | 仪器 | 测回数 | 半测回归零差(″) | 净空点上交会角不应小于(°) |
|---|---|---|---|---|
| 1/5 000 | 6″仪器 | 1 | 30 | 3 |

采用三点前方交会进行净空测量时,三点前方交会公共边长的较差限值为 $5\times s$(km),由三方向推算交会点的高程,经球气差改正其中误差允许值为 $0.4\times s$(km),$s$ 为测站至净空点的距离(km)。

净空平面图的比例尺为1:50 000,即图上1mm为实地50m。一般地区地物点精度为图上0.8mm。从前方交会的误差椭圆来看,由于交会角小,且正向交会,其误差椭圆为扁长形,即出现较大的点位误差对端净空而言是在起落方向上。因此取两倍地物点测量精度即1.6mm来要求是合适的。净空测量精度以三点前方交会公共边的较差不应大于 $5\times S$(m)来衡量($S$ 为距离,单位为km),即在20km处较差不应大于100m。公共边较差与边长成正比,山头距跑道越近,则精度越高,越能保证飞行安全。

按三角高程误差公式

$$m_h = \pm\sqrt{m_a^2\tan^2\alpha + \left(\frac{a^2}{\cos^2\alpha}\right)\left(\frac{m_a^2}{\rho^2}\right)} \tag{3-9}$$

式中:$m_h$——边长误差;

$m_a$——垂直角中误差。

若交会边 $a$ 为20km,$m_a=20\,000/191=105$m,对于20km处500m高山垂直角 $\alpha$ 为1.5°,$m_a$ 按经验约为±40″。

则

$$m_h = \pm\sqrt{7.56+15.05} = \pm 4.75(\text{m})$$

如三点前方交会,由方向推求高程取平均值,则中误差为 $\pm 4.75/\sqrt{3}=\pm 2.75$(m)。

上述估算未考虑影响高程精度的折光系数中误差,及从不同点交会山头,山形发生变异这一因素等。有三方向推求交会点的高程,经球气差改正后,中误差 $m_h\leqslant 0.4\times S$(m),即20km处中误差为8m,为推求数的三倍。从飞机的飞行航迹来看,与障碍物限制坡线有较大的安全度,尤其是在远距导航台以远段。因此障碍物测量中误差在20km处,最大不超过8m的规定是合理的。

3. 净空图的编绘

(1)净空平面图

准确标出跑道位置、净空障碍物限制面、净空障碍点,并在每个障碍物点注明编号、高程超高范围,风徽图上要标明跑道方向,障碍物一览表包括编号、名称、方向、距离、高程与规划跑道的相对高差、允许高差、超高数值等。

(2)净空剖面图

水平比例尺与净空平面图一致,垂直比例尺为1:2 000~1:5 000,图上应标出跑道、障碍物的编号以及净空剖面限制线。

### 三、编制工程测量报告书

定点阶段的测量报告书由前言、地形图测量、控制测量、净空测量、附件五部分组成。各部分具体要求如下。

前言:前言部分主要应说明测量的委托单位、承担单位以及测量的依据、主要内容、目的、任务要求和开始结束时间,此外还需说明整个测量工作的概况、测量方法、完成的工作项目、工作量及取得的成果。

地形图测量:地形图测量部分主要应说明地形图测图比例尺、测图范围以及修测地形图时采用的图纸类型。

控制测量:控制测量部分主要应说明平面、高程控制测量采用的控制网类型和平面、高程控制测量的成果以及控制桩设置的位置、数量。

净空测量:净空测量部分主要应说明净空复测的要求、净空测量采用的方法、障碍物的分布情况以及障碍物的坐标和高程。

附件:附件包括两部分内容,即资料和图纸。应附的资料包括:平面、高程控制测量成果表;工程勘察勘探点测量成果;净空区内障碍物测量成果;气象、水文、水源、电力、交通、天然建材等建设条件和自然资源以及占地移民等调查表。应附的图纸包括:机场位置关系图(1:500 000 或 1:1 000 000)、机场总体布局地形图(1:5 000 或 1:10 000)、机场交通及管线规划地形图(1:25 000 或 1:50 000)、各洞库工程轴线平面规划地形图(1:1 000 或 1:5 000)、拆迁项目(如村庄、学校、农田灌溉系统、道路、输电线路、输油管线等)方案地形图、天然建筑材料分布示意图、控制桩设置分布示意图。

## 第四节　定点阶段的工程地质勘察

### 一、工程地质勘察的任务

定勘阶段工程地质勘察的目的是通过工程勘察初步查明各场址工程地质条件,为场址方案比较提供依据。

工程地质勘察的任务包括五个方面:初步查明场址区域地形特征和地貌类型;初步查明场址区域地质构造的稳定性;初步评价场址地基和环境工程地质条件对机场建设的适宜性;初步查明场址供水水源、天然建筑材料的来源和采运条件;初步评价防护工程的地质条件。

工程地质勘察采用的方法主要有:工程地质测绘、工程地质勘察(包括钻探、探井、室外试验等)、工程物探(包括电法、地震波法、地质雷达等)以及遥感和航空照片解译。

### 二、工程地质勘察与测绘要求

#### 1. 工程地质勘察要求

工程地质勘察与测绘主要包括以下的内容:初步查明场址岩土类型、成因、时代、分布规律;初步查明场址地形特征、地貌类型;查明场地地震烈度、发生的频度及其地质构造关系;查明有无地磁异常和影响修建机场的矿藏;初步查明场址地下水类型和埋藏深度、土层冻结深度和冻结期；查明场址有无特殊土和需进行处理的岩土工程问题，并提出初步处理措施建议；查明场址环境工程地质概况，分析岩溶、土洞、滑坡、崩塌、泥石流、冲沟、地面沉陷、断裂、地震震害、地裂缝等不良地质作用的形成、分布、形态、规模、发育程度及其对工程建设的不良影响；调查人类活动对场地稳定性的影响，包括人工洞穴、深挖高填等；调查场区周围建筑物的变形和工程经验；提出场址供水方案。

2. 工程地质测绘要求

工程地质测绘技术要求主要体现在五个方面，即测绘范围、测绘比例尺、地质点测绘精度、地质观测点的布置、密度和定位以及地质测绘大纲的编制。

测绘范围：测绘范围应根据机场规划和查明场区工程地质条件的需要而定，其面积宜为 $10 \sim 30km^2$。

测绘比例尺：工程地质测绘比例尺为1:5 000或1:10 000。

地质点测绘精度：地质点测绘精度应与所采用的地形图的精度相适应。凡地物在图上大于3mm的均应标出，对某些工程意义重大的单元地质体，可用扩大比例尺表示。

地质观测点的布置、密度和定位：在地质构造线、地层接触线、岩层分界线、标准层位和每个地质单元体应有地质观测点；地质观测点的定位应根据精度要求选用适当的方法；地质构造线、地层接触线、岩层分界线、软弱夹层、地下水露头和不良地质作用等特殊地质观测点，应用仪器测定。

地质测绘纲要的编制：编写测绘纲要的主要内容有，地区概况及以往地质工作程度，测绘目的和要解决的重要问题，地区的工程地质特点、对工程有重要影响的主要因素及现存问题，测绘范围、比例尺、工作方法，应取得的成果资料，工作日程、工作量等。

## 三、工程地质勘察内容

1. 飞行区勘察

(1)勘探点、线布置要求

飞行场地勘探线应沿跑道、滑行道轴线布置，根据需要平行于跑道、滑行道中线的适当位置设1～3条勘探线，垂直跑道、滑行道中线布置不少于3条勘探线，必要时可以布置方格网；停机坪一般以其中心位置为基准布置两条十字形勘探线，根据地形地貌和地质情况可适当调整，必要时可增设1～2条勘探线；探测点应沿勘探线布置，但在每个地貌单元和不同地貌单元交接部位，也应布置勘探点；勘探点、线间距按表3-12布设，还可根据地质情况和地质资料掌握程度适当调整。

**勘探点、线间距**　　表3-12

| 场地复杂程度 | 中心线勘探点间距(m) | 增设勘探线勘探点间距(m) |
|---|---|---|
| 复杂 | <100 | 150～300 |
| 中等 | 100～200 | 200～300 |
| 简单 | 200～300 | 300～500 |

(2)勘探深度要求

勘探深度根据查明地基稳定性的需要而定。钻孔分一般钻孔和控制钻孔两种，控制钻孔占勘探孔总数的1/6～1/4。通常情况下，一般钻孔深度为设计高程下4～8m，控制钻孔深度为设计高程下12～16m，探坑深度根据实际情况确定。特殊情况下，如位于沼泽、古河道、边坡、洞穴等特殊地段或复杂地质条件区域的钻孔深度以查明场地稳定性的需要确定。

（3）室内试验与原位测试

室内试验取样要求如下：取样的孔、坑在初步划分的工程地质单元内应均匀分布，其数量占单元内勘探孔、坑总数的1/6～1/4。钻孔和坑取样竖向间距，应按地层特点和岩土的均匀程度确定，一般宜为1m，但每层岩土的不同状态应分别取样。采取地表、地下水样进行工程用水和生活用水水质分析，每类水的样品不少于两件。室内试验内容主要有：土的常规物理、力学试验；特殊土应做判别指标及强度指标试验；地表、地下水腐蚀性和饮用水水质试验。

原位测试方法主要包括标准贯入、动力触探、静力触探、载荷试验、微型贯入、波速测试等，根据场地地形、地质条件和地方经验选用。每一层岩土的不同状态均应进行原位测试。岩土每一状态测试孔、点数量不宜少于3孔（点），当难以采取岩土原状样品时，应增加原位试验的数量，一般不宜少于6孔（点）。对于高陡边坡，最好进行原位大型剪切试验。

（4）遥感地质勘察

采用遥感技术进行工程勘察时，应收集相关资料作为分析的基础。应收集的资料主要包括：拟定场址区域比例尺不小于1:200 000的地质图及相关区域的地质资料；机场区域比例尺不小于1:50 000的地形图；拟定区域及大型构造物的地理位置等工程资料；卫星遥感图像，地质条件复杂地区和地下指挥所、洞库区宜收集分辨率不低于15m的卫星遥感图像和较大比例尺的彩红外、热红外、侧视雷达等卫星遥感图像。

采用遥感技术进行工程勘察时，工程地质遥感解译的范围应至少为图上区域四周各500～1 000m。对于宽度大于100m的地层在影像上应进行解译区分，当地质条件简单时，对延伸大于1 000m以上的断裂带应进行标注，当在地质条件复杂时，对影响场道工程的主要断裂带应特别加以标注。出现不良地质作用时，应对地面上100m×100m以上的大型滑坡进行解译，特别是对飞行区有影响的滑坡、崩坍，应采用大比例尺的航空照片或高精度的卫星遥感图像进行解译。与飞行区有关的重大不良地质现象都要进行外业验证，其他不良地质现象也应进行外业抽样验证。在绘制地质图时，对可能影响飞行区安全的某些较大的不良地质作用应依比例表示，较小的不良地质作用可不依比例，仅以符号表示位置。

2. 洞库工程勘察

洞库岩土工程勘察应填绘洞库区1:2 000工程地质图，并初步评价地层岩性及构造特征和岩体稳定性，分析区域成洞的可能性，其他工程勘察要求应符合地下工程勘察的相关要求。

3. 水文地质勘察

对场区的水文地质勘察的目的是调查场区地下水类型、储存状态、分布规律、补给来源、径流和排泄条件以及地表、地下水补排关系及其对地下水位的影响。此外，应对场区内主要泉点的流量、水位进行实际测试，同时对场区内所有钻孔的初见水位、静止水位进行测试，初步确定其变化幅度，必要时设长期观测孔。必要时，可对场区作抽水试验，内容包括确定影响半径、单井出水量、渗透系数等。在有细粒土高填方时，尤其是膨胀土和盐渍土分布区，应进行毛细水高度调查或试验。

4.地质灾害评估

地质灾害的评估应根据工程特点、场地位置、工程地质及水文地质条件，对拟建工程场地进行评估。地质灾害评估的方法和内容应符合地质灾害评估的要求。

### 四、编制工程勘察报告书

定点阶段的工程勘察报告书主要包括前言、场址基本情况、推荐最佳场址、建设条件和自然资源、结论及对详勘工作的建议、附件六个方面的内容，各部分具体要求如下。

前言：主要应说明勘察的委托单位、承担单位以及勘察的依据、目的、任务要求、开始结束时间，此外还需说明整个勘察工作的概况、勘察方法、完成的工作项目、工作量及取得的成果。

场址基本情况：应说明各拟选场址的基本情况，并对场址工程地质情况作简单比较。

推荐最佳场址：应对选定场址的工程地质条件进行分析、评价，从工程地质角度推荐最佳场址。主要完成的工作内容有：说明场址地形、地层岩性、地下水、地质构造的分布特征，对不同场址的地基稳定性进行分析评价，分析飞行场地和营（库）区各主要持力层工程地质性能，对洞库工程围岩进行初步分级和稳定性分析，预测机场环境工程地质问题。

建设条件和自然资源：主要说明气象、水文、水源、电力、交通、天然建材等建设条件和自然资源以及占地移民等情况。

结论及对详勘工作的建议：主要是指对勘察工作的结论及对下步工作的建议，应包含的主要内容有对勘测任务书中提出的问题和要求作出结论，岩土参数的分析，机场环境影响评价资料及遗留问题和详勘阶段工作的建议。

附件：附件主要包括附图和资料。附图包括机场综合工程地质图（1:5 000～1:10 000），飞行场地勘探布置图（1:5 000～1:10 000），跑道、滑行道工程地质剖面图（水平比例尺 1:2 000～1:5 000），洞库工程轴线地质纵断面图（1:2 000）。附属的资料包括勘探点测量成果、岩土试验成果表、原位测试成果表、水质分析成果表。

## 第五节　场址比选与选址报告书编制

通过前面的勘测工作，已经基本地掌握了预选场址建设各方面的资料，下面要进行的工作就是从预选场址中确定出首选场址，即推荐最佳场址，完成机场定点工作。这个阶段工作的主要方式是对预选场址已有资料进行对比分析，其实就是一个多方案比选、决策的问题。

### 一、影响机场定点因素的分析

在确定最佳机场场址时，对多方案的对比分析通常从工程技术条件、建设投资估算、航行服务等三个方面来综合分析。

1.工程技术条件

工程技术条件对比一般从地理位置及场地发展条件、规划符合度、机场自然和技术条件、交通条件、与150公里范围内机场关系、机场公用设施配套条件、拆迁情况、土石方量、占地面积情况9个方面34分项进行分析，见表3-13。

2. 建设投资估算

机场工程建设投资估算通常需要计算飞行区道面及基础工程，航站区工程，土地拆迁、改建及安置，土地费用，场区场地平整土石方工程，场区地基处理工程，净空处理工程，场外地面交通设施工程，场外公用设施工程（给水、供电、通信、燃气、航油、供热），防洪、排水工程，生态、环境保护工程 11 个方面的费用。

3. 航行服务研究

航行服务研究主要进行飞行程序设计和飞机性能分析两方面的研究。飞行程序受净空条件、空域环境、气象资料、邻近机场、环境保护、城市规划等因素影响，飞机性能分析主要按照拟使用机型确定跑道长度，并分析复杂净空条件下的起飞一发失效应急程序。

## 二、场址比选方法

从影响机场定点因素来看，进行场址比选其实质就是一个多方案多属性的决策问题。当前机场场址方案比选主要是采用列表法。列表比较法是根据技术、经济和社会等的评价项目，列举各方案的优缺点，通过对比、评价，选择最优方案。这种方法比较灵活、简便，也比较直观，但也存在不少问题。首先，该方法适合于场址的初选阶段，各方案主要问题及优缺点比较明显，相差较大，容易淘汰某些主要问题明显不太合理的方案。对于后阶段最佳场址的选择，主要因素已经比较接近，需要细化考虑，所列指标越多，比较难度越大。其次，机场规划设计人员只能凭经验、直观判断来进行选择，优点多的方案未必一定是最佳方案，因此，容易造成评价错觉。第三，选址往往是由多人参加，由于各人的知识水平、从事机场工程的实践经历、思维模式和考虑问题的侧重点等不同，有时很难就某个方案达成共识。上述问题给实际选址工作带来很大的困难，而且更重要的是，选址合理与否关系到多方面的利益，可能引起各种矛盾、增加工程投资等一系列问题。因此，寻求一种科学、合理，使用简便的方法来进行场址的优选具有十分重要的意义。

1. 多方案综合评价过程

在现实生活中，我们经常会遇到许多判断问题，比如哪个学生的素质高？哪个学校的声望高？等等。现实社会生活中，对一个事物的评价常常要涉及多个因素或多个指标，因此评价就是在多因素相互作用下的一种综合判断。比如要判断哪个学校的声望高，就需要对若干个高校的在校学生规模、教学质量、科研成果等方面进行综合比较。机场选址也是如此，要从五个备选场址中，选出一个最佳场址，就需要从地理位置、与城市规划的关系、空域条件、地质条件等多方面进行综合比较，从而得出最佳选择。

我们知道，评价的依据就是指标。由于影响评价事物的因素往往是众多而复杂的，如果仅从单一指标上对被评价事物进行评价不尽合理，因此往往需要将反映评价事物的多项指标的信息加以汇集，得到一个综合指标，以此来从整体上反映被评价事物的整体情况，这就是多指标综合评价方法。

多指标综合评价方法是对多指标进行综合的一系列有效方法的总称。它具备以下特点：评价包含了若干个指标，这多个评价指标分别说明被评价事物的不同方面；评价方法最终要对被评价事物做出一个整体的评判，用一个总指标来说明被评价事物的一般水平。

综合评价问题是多因素决策过程中所遇到的一个带有普遍意义的问题。评价是为了决策,而决策需要评价。从某种意义上讲,没有评价就没有决策。综合评价是科学决策的前提,是科学决策中的一项基础性工作。其中,排序是综合评价最主要的功能。所以,所谓综合评价即对评价对象的全体,根据所给的条件,采用一定的方法,给每个评价对象赋予一个评价值,再据此择优或排序。综合评价的目的,通常是希望能对若干对象,按一定意义进行排序,从中挑出最优或最劣对象。对于每一个评价对象,通过综合评价和比较,可以找到自身的差距,也便于及时采取措施,进行改进。可以看到,综合评价这种定量分析技术已经得到了广泛的认同,它为人们正确认识事物,科学决策提供了有效的手段。

2. 评价指标体系的建立

进行综合评价,确定评价指标体系是基础。指标选择的好坏对分析对象常有举足轻重的作用。指标是不是选取的越多就越好?太多了,实际上是重复性指标,会有干扰;太少了,可能所选取的指标缺乏足够的代表性,太片面。评价指标体系是由多个相互联系、相互作用的评价指标,按照一定层次结构组成的有机整体。评价指标体系是联系评价专家与评价对象的纽带,也是联系评价方法与评价对象的桥梁。只有科学合理的评价指标体系,才有可能得出科学公正的综合评价结论。

指标体系的建立,要视具体评价问题而定。但一般情况下,建立评价指标体系时,应遵循以下原则。

(1)指标宜少不宜多,宜简不宜繁

评价指标并非多多益善,关键在于评价指标在评价过程中所起作用的大小。目的性是出发点,指标体系应涵盖为达到评价目的所需的基本内容,能反映对象的全部信息。当然,指标的精炼可减少评价的时间和成本,使评价活动易于开展。

(2)指标应具有独立性

每个指标要内涵清晰、相对独立,同一层次的各指标间应尽量不相互重叠,相互间不存在因果关系。指标体系要层次分明,简明扼要。整个评价指标体系的构成必须要紧紧围绕着综合评价目的层层开展,使最后的评价结论确实反映评价意图。

(3)指标应具有代表性与差异性

指标应具有代表性,能很好地反映研究对象某方面的特征。指标间也应该有明确的差异性,也就是具有可比性。评价指标和评价标准的制定要客观实际,便于比较。

(4)指标应具有可行性

指标应符合实际水平,具有稳定的数据来源,易于操作,也就是应具有可测性。评价指标含义要明确,数据要规范,口径要一致,资料收集要简便易行。

以上几条原则,供解决问题时参考,在实际工作中要灵活应用。需要注意的是,指标体系的确定具有很大的主观随意性。虽然指标体系的确定有经验确定法和数学方法两种,但多数研究中均采用经验确定法。

3. 指标权重的确定

用若干个指标进行综合评价时,其对评价对象的作用,从评价的目标来看,并不是同等重要的。为了体现各个评价指标在评价指标体系中的作用地位以及重要程度,在指标体系确定后,必须对各指标赋予不同的权重系数。权重是以某种数量形式对比、权衡被评价事物总体中诸因素相对重要程度的量值,合理确定权重对评价或决策有着重要意义。同一组指标数值,不同的权重系数,会导致截然不同的甚至相反的评价结论。因此,权数确定问题是综合评价中十分棘手的问题。

指标的权重应是指标评价过程中其相对重要程度的一种主观、客观度量的反映。一般而言,指标间的权重差异主要是由以下三方面的原因造成的:

(1)评价者对各指标的重视程度不同,反映评价者的主观差异;

(2)各指标在评价中所起的作用不同,反映各指标之间的客观差异;

(3)各指标的可靠程度不同,反映了各指标所提供的信息的可靠性不同。

既然指标间的权重差异主要是由上述三方面所引起,因此在确定指标的权重时就应该从这三方面来考虑。

确定权重也称为加权,它表示对某指标重要程度的定量分配。加权的方法大体上可以分为以下两种:

(1)经验加权,也称定性加权。它的主要优点是由专家直接估价,简便易行。

(2)数学加权,也称定量加权。它以经验为基础,以数学原理为背景,间接生成,具有较强的科学性。

目前,权数确定的方法主要采用专家咨询的经验判断法。而且,目前权数的确定基本上已经由个人经验决策转向专家集体决策,最后的结果代表专家的集体意见。一般来说,这样所确定的权数能正确反映各指标的重要程度,保证评价结果的准确性。但是,为了提高科学性,也可采用其他确定权重的方法,比如层次分析法(Analytic Hierarchy Process,AHP)。层次分析法是目前使用较多的一种方法,该方法对各指标之间重要程度的分析更具逻辑性,再加上数学处理,可信度较大,应用范围较广。它由于具有坚实的理论基础,完善的方法体系而深受人们的青睐,并在实践中创造了多种多样的变形方法。

另外,根据计算权数时原始数据来源不同,大致也可归为两类:一类是主观赋权法,其原始数据主要由专家根据经验判断得到;另一类为客观赋权法,其原始数据由各指标在评价中的实际数据形成。前者的优点是专家可以根据实际问题,合理确定各指标权系数之间的排序,应该说有客观的基础,主要缺点是主观随意性较大;后者不需征求专家意见,切断了权重系数主观性的来源,使系数具有绝对的客观性,但不可避免的缺陷是确定的权数有时与指标的实际重要程度相悖。这里需要说明一点,并不是只有客观赋权法才是科学的方法,主观赋权法也同样是科学的方法。虽然主观赋权法带有一定的主观色彩,但"主观"与"随意"是两个不同的概念,人们对指标重要程度的估计主要来源于客观实际,主观看法的形成往往与评价者所处的客观环境有着直接的联系。

4.评价方法的选择

所谓多指标综合评价,就是指通过一定的数学函数(或称综合评价函数)将多个评价指标值"合成"为一个整体性的综合评价值。可以用于"合成"的数学方法很多,问题在于如何根据决策需要和被评价系统的特点来选择较为合适的方法。

20世纪60年代,模糊数学在综合评价中得到了较为成功的应用,产生了特别适合于对主观或定性指标进行评价的模糊综合评价法。20世纪70~80年代,是现代科学评价蓬勃兴起的年代。在此期间,产生了多种应用广泛的评价方法,诸如层次分析法、数据包络分析法等,20世纪80~90年代,是现代科学评价向纵深发展的年代,人们对评价理论、方法和应用开展了多方面的、卓有成效的研究，比如将人工神经网络技术和灰色系统理论应用于综合评价。

当然，综合评价已经涉及人类生活领域的各个方面，其应用的范围愈来愈广，所使用的方法也越来越多。但由于各种方法出发点不同，解决问题的思路不同，适用对象不同，又各有优缺点，以致人们遇到综合评价问题时不知道该选择哪一种方法，也不知道评价结果是否可靠。

因此，对现代综合评价方法的理论及其应用进行整理、总结，无疑具有十分重要的意义。当然，对于一个应用者来说，最迫切的问题往往不是建立一个新的评价方法，而是如何从纷繁复杂的方法当中，选择出最适宜的方法。

评价方法的分类很多。按照评价与所使用信息特征的关系，可分为基于数据的评价、基于模型的评价、基于专家知识的评价以及基于数据、模型、专家知识的评价。根据各评价方法依据的理论基础，现代综合评价方法大体分为四类。

(1)专家评价方法，如专家打分综合法。

(2)运筹学与其他数学方法，如层次分析法、数据包络分析法、模糊综合评判法。

(3)新型评价方法，如人工神经网络评价法、灰色综合评价法。

(4)混合方法，这是几种方法混合使用的情况。如 AHP + 模糊综合评判、模糊神经网络评价法。

到目前为止，虽然出现了多种评价方法，但还存在不少问题。比如针对同一问题，不同的方法会得到不同的结果，如何解释、辨别不同方法对不同问题的优劣，如何衡量评价结果的客观准确性，这些问题还需要进一步探索研究，使综合评价方法和理论不断得以丰富和完善。

总的来说，评价方法是实现评价目的的技术手段，评价目的与方法的匹配是体现评价科学性的重点方面。正确理解和认识这一匹配关系是正确选择评价方法的基本前提。评价目的与评价方法之间的匹配关系，并不是说评价的特定目的与特定评价方法的一一对应，而是指对于特定的评价目的，可以选择高效、相对合理的评价方法。

各具特色的评价方法，为针对某一具体的评价工作选择评价方法提供了借鉴。在选择评价方法时，应综合评价对象和评价任务的要求，根据现有资料状况，做出科学的选择。也就是说，评价方法的选择主要取决于评价者本身的目的和被评价事物的特点。而且，就同一种评价方法本身而言，在一些具体问题的处理上也并非相同，需要根据不同的情况做不同的处理。因此，从一定程度上讲，综合评价方法既是一门科学，对该方法的应用也是一门艺术。以下几条筛选原则可供参考。

(1)选择评价者最熟悉的评级方法。

(2)所选择的方法必须有坚实的理论基础，能为人们所信服。

(3)所选择的方法必须简洁明了，尽量降低算法的复杂性。

(4)所选择的方法必须能够正确反映评价对象和评价目的。

只要遵循上述原则，一般可以选择出较为适宜的评价方法。不过，这些原则也只是定性的、指导性的原则。当然，在大多数情况下，最优的评价方法是不存在的。应注意的是不同的选择会产生不同的评价结论，有时甚至与结论相左，也就是说评价的结果不是唯一的。

## 三、编制机场选址报告书

在完成了预选场址的多方案比选、论证工作后，基本确定推荐场址，就可以着手编制机场选址报告书。机场选址报告书一般由概述，新建、迁建机场的性质和规模，确定初选及预选场址，预选场址基本情况，预选场址的航行服务研究，预选场址技术经济分析比选，推荐首选场址，结论和建议，附件及附图九部分组成，具体要求叙述如下。

1. 概述

概述部分需说明选址工作的依据、工作原则和基本任务、组织机构、工作程序和过程以及拟选场址当地的基本情况和社会经济发展状况，并简述新建或迁建机场的必要性。其中，当地的基本情况和社会经济发展状况中需说明当地自然资源情况（旅游、矿产及其他资源等）、当地交通情况（公路、铁路、水运、航空以及对航空运输需求的简要预测和描述）、社会和经济发展情况（当地人口、城市面积、国内生产总值、各产业发展情况、地方财政收支、人均可支配收入和纯收入相关指标等）、城市规划情况，迁建机场还应对原机场现状情况进行简单描述。

2. 新建、迁建机场的性质和规模

在新建、迁建机场的性质和规模部分，首先要明确机场的性质和作用，是干线机场还是直线机场；其次要说明航空运输的发展情况，飞行区的指标以及拟使用机型及航程、跑道运行类别等。其中重要的是工作收集资料，进行航空业务量预测，根据预测结果确定机场近期和远期的规划建设规模以及设想的远景规模。

航空业务量预测的方法主要有趋势外推法、份额分析法、计量经济模型法、德尔菲法等，通常可采用多种方法对业务量进行预测，最后综合分析结果。

3. 确定初选及预选场址

在确定初选及预选场址部分，应说明初选场址的范围、初选场址的基本情况和预选场址确定三个方面的问题。

初选场址的范围。按照新建或迁建机场的远期建设规模，结合当地地形、城市发展和规划，提出确定初选场址范围的原则。

初选场址的基本情况。逐个说明初选场址的概况，概况以地面条件为主，主要介绍初选场址的位置、海拔、跑道方向以及按照挖填平衡初步确定的土方量。

预选场址确定。预选场址确定实质也是一个方案比选的问题，也就是说对初选场址进行对比分析，从初选场址中确定出 3 个场址作为预选场址。这个阶段的方案比选以地面条件对比为主，地面条件主要对比土石方工程量、进场公路条件、对城市规划的影响、配套设施建设方面、文物古迹情况等主要方面的内容，此外还应重点对比各场址的净空条件。通过地面条件和净空条件的对比，排除明显不适合的初选场址，对剩余的初选场址进行排序，然后对剩余的初选场址进行初步的航行服务分析，从航行角度再次将不适合的初选场址予以排除，从而确定出最后的预选场址。

4. 预选场址基本情况

对提出的预选场址，逐个进行踏勘、调查、分析，并说明各预选场址的基本情况。对预选场址基本情况的说明与比选应从以下 16 个方向进行，具体如下。

（1）地理位置及与城市发展关系

地理位置部分应说明拟选场址的行政区划位置、距离城市的距离、地理位置，跑道长度、主跑道基准点的经纬度、跑道方向以及初步确定的机场高程。与城市发展关系部分应说明拟选场址与城市近期、远期发展规划的关系，以及是否与城市规划存在冲突。

方案比选时需对拟选场址方案在地理位置、跑道位置及方位、可规划跑道长度和数量以及拟选场址是否符合机场布局规划、城市总体规划、当地用地规划的要求作出评价。

(2)气象条件

气象条件首先要说明选址区域的总体气候特征以及采用气象数据的来源，如采用某气象局提供的10年(说明具体年份)气象统计资料以及采用气象观测站的经纬度坐标、海拔高度和观测站与拟选场址的位置关系。其次，要分别说明气候特点、基本气象条件两个方面的内容。气候特点部分是针对地区的季节性气候进行说明，内容包括全年气候总体特征、年日照时数、年平均无霜期、雨季(时段)主要气候特点和天气系统、干季(时段)主要气候特点和天气系统、干湿转换季节等；基本气象条件主要说明风向、风速、气温、空气湿度、降雨量、云高、能见度、雾、雷、冻雨和冰雹等具体参数内容。这部分内容的介绍要从总体到细节，尤其是基本气象条件的相关数据和机场建设密切相关，一定要认真仔细。

方案比选时，由于拟选场址基本是在同一地区，所以在气候特点和基本气象条件上差异不大，对于偏远地区，几个拟选场址采用同一个气象观测站的数据是非常普遍的。因此，气象条件的比选主要是针对风保障率能否满足使用要求展开。

(3)净空条件

拟选场址净空条件部分主要采用机场净空规格分析机场净空区障碍物，并描述障碍物在净空区的分布情况，并结合飞行航行服务分析结果统计净空区需处理障碍物及处理工程量。但对于民用机场净空条件评定，常用的标准为民用机场飞行区技术标准(附件十四)、起飞爬升面(OIS面)、障碍物评价面(OAS面)及一发失效评估面。

不同场址净空条件比选时，应突出净空区障碍物分布状况及处理难度、处理成本之间的对比。比如，有些场址净空区障碍物虽然不多，但存在有处理难度较大的障碍物，典型的有国家输电网的高压输电塔、国家大地测量坐标点、纪念碑等，如果遇到无法处理的障碍物，应考虑相应措施或对跑道方案进行优化调整。

(4)空域条件

空域条件部分，首先要说明拟选场址与周围机场的关系，内容包括周边机场的名称、坐标、与拟选场址的相对位置(方位、距离)、高程以及跑道方位、跑道长宽、跑道强度(PCN)等，最好以列表形式给出，并在1:500 000地图上画出机场位置分布示意图。其次，应说明拟选场址空域环境，包括周边有无影响运行的禁区、危险区、限制区域和拟选场址在管制区中的位置以及距离周边航路的距离，如存在空域冲突等，此时应注明。

空域条件对比分析时，主要进行与周边民用机场直线距离、军用机场直线距离以及空域矛盾程度、空域矛盾协调方案的对比分析。如拟选场址之间距离不是很远时，该部分的差异不会很大。

(5)地形、地貌条件

地形地貌条件主要说明拟选场址所在区域的地形地貌情况，场区地形是否平坦，需重点说明场区内最低、最高高程。典型描述如，场区内地形总体上东高西低，地势较平坦，东侧为某主峰,西侧和南端为向下深切沟,北端相对比较平坦,属于构造溶蚀地形的深切割低中山区,场区最低高程 1 530m,最高 1 585m,最大高差 55m。

地形地貌对比分析时,重点对比场区内地形地貌状况,地形平坦程度,场区内最大高差等要素,并初步判断场区内修建机场时可能的土方量差异。

(6)工程地质、水文地质条件

工程地质条件应说明场区工程地质构造情况,并给出场区工程地质结构稳定性初步评价。此外,还需说明场区内有无滑坡、泥石流、采空区及活动断裂等不良地质现象。如果场址所在区域存在特殊地质构造的,还应针对特殊地质构造进行说明,如溶洞、暗河和伏流等强烈岩溶现象。结合近年地震高发的态势,还应重点说明场址区域地震断裂带的分布情况以及场区的地震稳定性。水文地质条件应说明场区内水系状况、水利工程设施状况以及地表水、地下水相关情况。

工程地质、水文条件的对比主要是对比分析场区内地质构造特性、存在的工程地质问题、地震安全性和能够满足承载力的要求等内容。

(7)供电、通信、供水、供气等公用设施条件

供电、通信、供水、供气等部分应结合场址的具体位置和城市供电、通信、供水、供气体系分布状况,初步说明备选场址供电、通信、供水、供气实施方案,并结合当地该类工程造价,初步估算出相应的价格。

供电、通信、供水、供气等部分方案对比时,重点是对比各个实施方案的可行性和造价,从而从配套工程建设的角度得出最优方案。由于选址阶段用的地形图比例尺较小,且该部分造价估算是概率估算,因此该部分是后期造价分析对比优化的重点。

(8)排水、防洪情况

防洪部分应说明在规定的防洪标准内,拟选场址被洪水淹没的可能性以及需要采取的防洪措施和初步估算的工程造价。排水部分应说明机场雨水、生产废水及生活污水的排放方式和初步的工程方案及估算的造价。

排水、防洪方面进行方案对比时,重点是对比不同方案被洪水淹没的可能性及防洪措施、排水设施建设方案和对应的工程造价。

(9)交通条件

交通条件部分首先应说明拟选场址与城市的位置关系,其次应在现有交通体系基础上,分析所有可能的连接城市与机场的道路建设方案,如需建设专用的机场高速,也应说明并估算工程投资。场址如与现有交通体系存在冲突,需改线的道路方案和工程造价也应一并说明。

不同场址方案之间交通条件对比的重点是各个方案与外界交通体系的连接便利情况及实现与城市的快捷连接所需要的工程造价。

(10)航油供应条件

机场运行离不开航油,航油供应方式决定对应设施的建设情况。对于民航机场而言,在保障航班及飞行架次较少的情况下,要考虑建设机场使用油库,如远期航班量增加还需考虑建设铁路中转油库。军用机场不仅要考虑建设消耗油库,必要时还要考虑建设基地油库。

不同场址进行供油条件对比时,需考虑各个方案有无适合建设油库的位置,适合位置距机场的距离,运输油料是否方便,军用机场如建设基地油库,还应考虑对比不同方案基地油库防

护条件。

（11）电磁及地磁环境

电磁环境部分，应根据场址电磁环境监测结果对场址内有无电磁源限制和影响物等做详细说明，并初步判断能否满足机场建设对电磁环境的要求。地磁环境部分，应根据场址地磁环境检测结果说明场地地磁强度变化范围，有无地磁异常现象，并初步判断能否满足机场建设对地磁环境的要求。

不同场址进行电磁、地磁环境对比时，首先需要明确的是都应满足机场建设要求，在此基础上，对比电磁、地磁环境的差异，如因电磁、地磁原因，需增加工程措施，需估算造价。

（12）地下矿藏和文物情况

文物情况部分是要说明在场址范围内有无古遗址、古建筑及古墓葬等文物，而且还应说明场址附近有无文物，如有则应说明场址距离文物保护区的距离。地下矿藏部分要说明场址下有无国家已经探明的矿产，如有应说明矿产的种类、范围以及国家的开采计划。

不同场址进行地下矿藏和文物情况对比时，如场址范围内均无文物、矿藏，则条件对等，如场址内存在文物，则要分析能否采取保护措施以及如果采取相应措施所需的造价，如场址附近有文物，则要分析工程建设对文物的影响及需要采取的措施。如场址压覆地下矿藏，则应对比矿藏的范围及开采价值。

（13）场址环境条件

场址环境条件部分主要说明场址建设本身对周围环境的影响，以及机场在施工和运营过程中对生态环境、水环境和大气环境的影响，最主要的是要说明机场运行时飞机噪声对城市以及附近范围的影响。

场址环境条件部分，对比分析时首先要分析各个场址建设对区域生态环境影响程度，其次重点对比飞机噪声对城市及周边区域影响程度。目前，无论是民航还是军航，在定点前均不做专门的环境影响评价，这就存在如果机场位置已经确定，但从环评角度不适合修建机场而否定原场址的风险。部分专家已经提议将环境影响评价前置到选址定点阶段。但在定点阶段必须要重点考虑飞机噪声对周边环境的影响。目前采用的主要方法是根据对同类型、同级别机场噪声影响曲线的分析，大致确定拟选机场飞机噪声影响范围及其与城市发展的关系和对城市声环境的影响。如图3-6所示。

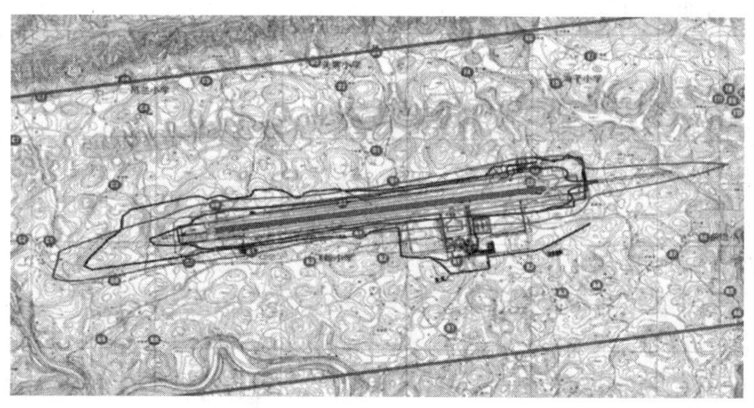

图3-6　飞机噪声影响范围示意图

对比分析不同场址方案对周边声环境的影响,如有明显矛盾,应考虑解决方法,尽量不要在后期工作中因噪声原因调整跑道方案。

(14)土地状况

土地状况主要说明各场址征地总面积以及飞行区、航站区、保障区等功能区面积和征地范围内地块的类型,如林地、旱地、坟地等,需要有青苗补偿的也要说明。最后,根据土地属性确定征地补偿标准和土地综合单价,计算征地费用。

土地状况部分,不同场址对比时主要是对比各功能区土地类型及征地费用。

(15)拆迁或改建情况

拆迁情况需要统计出场址征地范围内需拆迁的农户、厂房等数量,并统计拆迁的建筑物类型、面积以及其他需要拆迁的构筑物,并按照当地对不同结构建筑物的补偿标准,计算拆迁需要的补偿经费以及过渡费、搬家费等。改建情况需说明场址范围内涉及需改建工程的改建方案及造价,比如铁路、公路、高压线等项目的改线。

拆迁或改建情况部分是场址比选时重点考虑的问题之一,如果拆迁、改建工程量较大,会给后期工作带来很大难度,因此选址定点阶段对拆迁、改建工程的对比要十分仔细,采用拆迁量小的方案,此外,如场址内有需要改建的工程,还要考虑工程改建的难易程度,并对比改建方案。

(16)主要建筑材料源情况

主要建筑材料源的情况是要说明场址修建需要的钢材、水泥、砂、石、砖等的来源地和供应量,初步估算其产量能否满足建设要求。由于建筑材料供应属于区域性问题,对比时一般差异不大,但对于机场建设需要大量使用的水泥、砂、石等,则需要考虑料源与场址的距离,因为这关系到后期建设成本。

5. 预选场址的航行服务研究

机场选址中航行服务研究应做专题研究,并形成专题研究报告。该专题报告作为机场选址报告的附件,选址报告中引用专题报告的结论。

预选场址航行服务研究报告的主要任务是依据选定的拟使用机型性能分析和飞行程序设计规范及其相关规定,对预选场址的净空条件、空域环境、气象资料、邻近机场、环境保护、城市规划等基本因素进行分析和比选论证,选出对航空器运行和空中交通管理较为有利的场址。一般包括以下几方面的内容:

(1)概述

概述部分需说明报告编制依据、报告编制原则和基本任务、场址概况、跑道的基本情况等内容。场址概况需从净空条件、空域环境、气象资料、邻近机场、环境保护、城市规划等方面,简要分析预选场址的概况。跑道的基本情况,需说明初步选定的跑道位置、方位、高程、布局等基本情况以及选定的理由。

(2)飞行程序研究方案

飞行程序研究方案主要包括净空条件分析、邻近机场及空域环境分析、气象资料分析、城市规划及环境保护、导航、监视设施布局方案、进离场方案等内容。其中,净空条件分析主要分析预选场址净空条件,并根据方案分析提出对净空区障碍物的处理意见;邻近机场及空域环境分析主要列出邻近机场及其相关空域的现状,分析预选场址与邻近机场的冲突,周围空域和航路、航线调整方案;气象资料主要详细分析根据民航有关要求提供的气象资料,为跑道方向的初步确定提供依据;城市规划及环境保护主要分析航空器运行、飞行程序方案对场址附近航线下方的噪声影响情况及与城市规划的冲突;导航、监视设施布局方案部分需初步确定导航、监视设施的类型、数量及不同的备选布局方案;综合上述因素的分析,最后提出进、离场飞行方案。

对于地形和空域复杂的场址,还应当包括对起飞、最后近进的具体计算和说明,以及其他论证所需的材料。

(3)飞机性能研究方案

飞机性能研究方案应根据拟使用机型及计划航程,进行飞机性能分析,初步确定跑道长度。对于海拔高度在1 500m以上的高原机场,需进行飞机起飞及着陆性能分析;对于净空条件复杂的机场,还应制定起飞一发失效应急程序。对于供油困难的场址,视情进行拟使用机型的业载航程分析。

(4)航行服务研究的结论和建议

结论部分应分析并提出场址优势及存在的问题,并通过飞行程序、运行标准、飞机性能以及起飞一发失效应急程序初步确定每个预选场址是否需要净空处理,以及需处理的位置和容许高度。最后,比较各预选场址飞行程序和一发失效应急程序方案的可行性,从航行服务角度提出场址推荐意见。

6.预选场址技术经济分析比选

选址报告应对预选场址进行工程技术条件和建设投资估算比较(表3-13、表3-14)。比较的重点是针对近期建设比较各预选场址之间的差异。对于远期建设比较,只需对重大问题用文字进行原则性综述。

**预选场址工程技术条件比较表**　　表3-13

| 序号 | 比较内容 | | 场址1 | 场址2 | 场址3 | 比较结果 |
|---|---|---|---|---|---|---|
| 1 | 地理位置及场地发展条件 | 地理位置<br>跑道位置及方位<br>可规划跑道长度和数量<br>跑道间距 | | | | |
| 2 | 规划符合度 | 机场布局规划<br>城市总体规划<br>当地用地规划 | | | | |
| 3 | 机场自然和技术条件 | 净空条件<br>进离场程序方案<br>工程地质条件<br>水文地质条件<br>气象条件<br>地形地貌条件<br>地震条件<br>电磁条件<br>排水防洪条件<br>地下矿藏及文物条件<br>主要建筑材料供应条件 | | | | |

续上表

| 序号 | 比较内容 | | 场址1 | 场址2 | 场址3 | 比较结果 |
|---|---|---|---|---|---|---|
| 4 | 交通条件 | 城市—机场联络的交通方式<br>其他交通条件 | | | | |
| 5 | 与150km范围内机场关系 | 与周边民用机场直线距离<br>与周边军用机场直线距离<br>空域矛盾程度<br>空域矛盾协调方案 | | | | |
| 6 | 机场公用设施配套条件 | 供电条件<br>通信条件<br>供油条件<br>供气条件<br>给排水污物处理条件 | | | | |
| 7 | 拆迁情况 | 村庄、学校、住宅、道路及其他 | | | | |
| 8 | 土石方量 | 场区内<br>净空处理 | | | | |
| 9 | 占地面积情况 | 征地面积<br>其中:耕地<br>其他 | | | | |
| 10 | 比较结论 | | | | | |

**预选场址建设投资估算表**　　表3-14

| 序号 | 比较内容 | | 估算工程投资(万元) | | | 比较结果 |
|---|---|---|---|---|---|---|
| | | | 场址1 | 场址2 | 场址3 | |
| 1 | 飞行区道面及基础工程费用 | | | | | |
| 2 | 航站区工程费用 | | | | | |
| 3 | 拆迁、改建及安置费用 | | | | | |
| 4 | 土地费用 | | | | | |
| 5 | 场区场地平整土石方工程费用 | | | | | |
| 6 | 场区地基处理工程费用 | | | | | |
| 7 | 净空处理工程费用 | | | | | |
| 8 | 场外地面交通设施工程费用 | | | | | |
| 9 | 场外公用设施工程费用 | 给水工程<br>供电工程<br>通信工程<br>燃气工程<br>航油工程<br>供热工程 | | | | |
| 10 | 防洪、排水工程费用 | | | | | |
| 11 | 生态、环境保护费用 | | | | | |
| 12 | 合计 | | | | | |

此外，对场址影响重大的因素或问题需做专题比较研究。

7. 推荐首选场址

推荐首选场址部分，一般需说明预选场址在工程技术条件、建设投资估算、航行服务研究三个方面的比较结果，并从三个角度提出首选场址的建议意见。最后在预选场址工程技术条件、建设投资估算、航行服务研究各自建议的首选场址的基础上，进行全面综合的研究，分析各场址有利条件和不利条件后，明确提出推荐首选场址的意见。此外，还应按照民航有关机场命名的相关规定，与当地政府、建设单位协调后，提出对推荐首选场址名称（城市名/场址所在地乡、镇行政区划名）的意见。

8. 结论和建议

结论部分首先主要说明新建或迁建机场的必要性，其次是机场的性质和规模，最后要说明推荐首选场址及其初步确定的场址名称。

建议部分主要提出对推荐首选场址进行保护及规划控制的建议，并针对场址复查和项目预可行性研究的需要，提出对推荐首选场址采集气象观测资料进行复核的要求，以及需要补充的其他资料和数据要求。如有其他需要给出的建议，一并予以说明。如空域协调问题的建议、地质灾害评估问题、地震安全性评价问题等。

9. 附件及附图

附件主要包括：当地气象观测统计资料；工程地质与水文地质普查报告；当地政府或国土部门对预选场址征地及拆迁费用的意见；城市规划、市政交通、环保、供电、通信、地矿、地震、供水、排水、文物、水利等部门对预选场址意见；军方主管部门对预选场址意见或军地双方有关的书面协议；对于地形复杂或空域复杂的场址，还应包括对起飞、最后近进的具体计算和说明，以及其他论证所需材料；有关会议纪要。

附图主要包括：初选场址位置地形图（1:100 000），预选场址位置地形图（1:10 000 或 1:50 000），预选场址与城市规划关系图（1:50 000 或 1:100 000），预选场址净空图（1:50 000 或 1:100 000，必要时重点区域辅以 1:10 000 地形图，其范围涵盖飞机完成正常和应急起飞以及起飞爬升离场航迹所飞经的区域，和自起始进近直至着陆所飞经的区域），预选场址进、离场航线规划图（含地形，1:250 000 或 1:500 000），预选场址与 150km 范围内邻近机场和空域关系图（标示各机场的跑道方位，1:250 000 或 1:500 000），推荐首选场址总体方案图（含飞行区、航站区、工作区、进场道路、导航设施台站布置点、场外水、电、气、通信等公用设施，1:10 000 或 1:50 000）。

## 复习思考题

1. 定勘阶段的主要任务是什么？
2. 定勘可以分为哪几个阶段？
3. 飞行场地附属设施定点勘测的原则是什么？
4. 飞行场地附属建筑物根据用途可分为哪几类？
5. 地形测绘中平面控制测量的主要方法有哪些？
6. 地形测绘中高程控制测量的主要方法有哪些？

7. 定勘阶段净空测量的主要方法是什么?
8. 简述净空测量的过程。
9. 针对什么障碍物需采用悬高测量?
10. 定勘阶段岩土工程勘察的任务是什么?
11. 定勘阶段岩土工程报告书应包含哪几方面的内容?
12. 定勘阶段资料调查包括哪几方面的内容?
13. 选址报告书应包括哪几方面的内容?

# 第四章　机场设计阶段的勘测

机场位置确定下来后，就要围绕确定的场址开展相应的设计工作。设计阶段需要的资料更加详细，前期定点阶段得到的资料在精度上不一定能满足要求，因此需要进行详细的勘测工作，也就是常说的详勘工作。由此可见，设计阶段的勘测工作对应的就是详勘。详勘的主要工作形式为工程测量和工程地质勘察。

## 第一节　机场设计阶段勘测工作特点

进行设计阶段的详勘工作，首先要明确不同设计阶段勘测工作的特点。如在初步设计阶段，机场工程的性质、规模、平面位置、地面整平高程、结构特点已经确定，基础形式和埋深已有初步方案，但是其他各个建筑物的具体位置还没有确定，需要做出很多方案进行比较，才能确定最终方案。因此这个阶段所需要的资料，只是供方案比较之用，而不是为了直接设计，但各个方案又必须要有充分说明它所需要的资料，在这种情况下进行的勘测工作，既要说明问题，又要掌握好勘测的深度。而在施工图设计阶段，机场各个建筑物的位置和主飞行场地的位置、方向、平面形式和尺寸等都已经确定，这时需要对各种建筑物进行具体的施工图设计。施工图设计阶段勘测的目的就是为施工图设计提供详细的资料，及为施工设计阶段的地基基础设计、地基处理与加固、不良地质现象的防治工程等，提供详细的岩土工程资料和所需的各种岩土设计参数，做出岩土工程分析和评价，提出结论和建议。

进行详细勘测前，首先要研究定勘中已有的资料，分析已有资料中哪些资料符合详勘的要求，哪些还没有符合或要进行补充。接下来进一步审查讨论定勘中提出的总体布置规划，根据实际情况，制定工作计划。主飞行场地的位置和方向在这个阶段可能有些变化，但总的变化不大，可作为疏散区的方案不多时，改变的可能性也很小，为了避免重复，减少以后的工作量，这两个地区应作为重点，了解得全面细致一些。此外，由于这一阶段参加勘测工作的人员比以前要多，还应合理安排工作计划，进行人力、物力的组织与分工，根据先后、缓急和工作量的大小，安排好工作顺序。

## 第二节　机场设计阶段的测量工作

### 一、工程测量的任务

测量工作的主要任务是完成飞行场地方格网地形图测量，飞行场地外挖填方区方格网地形图测量，拖机道、道路、排水、输油、供水、供电等线路的测量，防护工程大比例尺地形图测量，营房、地面仓库区和导航台站大比例尺地形图测量和测算机场位置点的经度、纬度及跑道方向。对应工程测量的主要任务，各部分的具体工作内容如下所述。

## 二、测量工作的主要内容

1. 控制测量技术要求

(1)首级控制测量技术要求

详勘阶段的主控制网是在测定勘阶段的主控制网基础上加密完成的，根据情况可布设成三角形网、导线网、GPS 控制网等多种形式。控制点的点位设置应满足场区控制和各重点部位点位放样的需要，在跑道两端、防护工程口部、各主要营区及库区，埋设 2 ~ 4 个永久性控制桩。

飞行场地高程控制可按三等水准测量，防护工程可按四等水准测量并自成闭合环，其他各区的高程控制可按五等水准或三角高程测量的要求执行。高程通过各区的控制联测应成为一个整体，其高程的联测可以按四等水准及相应的三角高程或 GPS 高程的方式进行测量。

如定勘所布设的主控网点损坏严重，或因利用场址已有测绘图纸，而未布设全测区性的控制网，则详勘阶段应按四等三角或相应等级导线等控制测量方式，将各区连成整体的平面控制。

(2)图根控制测量技术要求

图根控制测量可在主控制网或由主控制网加密的控制点上发展，一般采用附合导线的形式，在高等级点下加密，不宜超过两次附合，图根点可采用临时标志。实际工作中，图根控制测量也可视地形复杂程度，分别采用不同方法。如利用定勘时的控制网，则要进行校核，提高精度。对于地形平坦地区，可以按整个场区建立控制网，也可在主飞行场建立主控制网，测量时再向外扩展，对于地形复杂地区，可以采用三角形网。高程控制可由国家水准点引接到平面控制点上，使其成为平面和高程的联合控制系统。在各大营区附近，应埋设永久水准点，整个场区应采用同一高程控制系统。

随着测距技术的发展，测距仪的应用日益广泛。全站速测仪的普及应用，为图根控制测量提供了简洁、便利的方法。采用具有测距功能的仪器进行图根控制测量时，一般采用极坐标控制法，主要技术要求见表 4-1。

**测距仪极坐标控制主要技术要求** 表 4-1

| 比例尺 | 边长(m) | 水平角观测回数(6″级仪器) | 正倒镜方向较差(″) |
|---|---|---|---|
| 1:500 | 500 | 1 | 30 |
| 1:1 000 | 700 | | |
| 1:2 000 | 1 000 | | |

2. 地形图测量技术要求

详勘阶段进行场区地形图测量的目的是为了进行机场的总平面布置、主飞行场地的地势和排水设计，因此，精度要比定勘高一些。测量范围要包括所有可能布置建筑物的地方，通常在 $40km^2$ 以上。比例尺一般为 1:5 000，如地区过大时，可采用 1:10 000，但主飞行场和疏散区仍要求为 1:5 000，以便进行地势初步设计。等高距一般采用 0.5m，在飞行场地地势比较平坦时，可采用 0.25m。

3. 飞行区方格网地形图测量

(1)主方格网施测技术要求

在跑道和疏散区备用跑道位置和方向确定后，为了精确计算出土方量并便于以后施工，还应测出 1:2 000 的大比例尺地形图，对于疏散区停机坪，有时要测出 1:500 的地形图。

飞行区方格网地形图测量是详勘阶段工程测量的重要内容之一。其测图比例尺视地形复杂程度可选用 1:1 000 ~ 1:2 000。飞行区方格网的测量应和地形图的测量同时进行。主方格网施测的主要技术要求，应满足表 4-2 的规定。

**主方格网施测的主要技术要求**　　表 4-2

| 纵横轴线 | 测角中误差(″) | 边长相对中误差 | 测回数 | |
|---|---|---|---|---|
| | | | 2″级仪器 | 6″级仪器 |
| 纵轴线 | 8 | 1/10 000 | 1 | 3 |
| 横轴线 | 15 | 1/6 000 | 1 | 2 |

(2)主方格网的布设与要求

主方格网的布设宜采用轴线法，纵向主轴线应设在跑道中心线上。飞行场地主轴线的测设，通常以勘定的跑道轴线为纵向主轴线，在纵向主轴线上每隔 400m 设置一条垂直的横行轴线，构成不闭合的主方格网几何图形，该图形不存在平差计算，仅进行复测检核，如超限，需进行点位调整。

横向轴线可在端保险道或端保险道外侧 40m 处设一条，从跑道端开始，一般采用 200m × 400m 的大方格网作为平面及高程控制，方格网边应和跑道方向一致，并使一个网边和跑道中线重合。横向轴线两端点，宜在集体停机坪外侧和土跑道外侧各 40m，使之与纵向主轴线组成矩形方格；考虑到土跑道、平地区的宽度，即距中轴线距离在 100 ~ 250m，所以横向间距以 400m 为宜，地形复杂地区也可以为 200m(10 倍碎部方格边长)，以组成两边相差不太悬殊的长方形方格网，在长方形方格网下，直接加密碎部方格点。

主方格网的坐标和高程，除统一于测区坐标系统外，其平面坐标系统，还可将跑道轴线作为坐标轴建立机场坐标系统；主方格网的作用，一是固定跑道轴线位置并作为机场施工放样的依据，二是作为加密方格网的高一级控制。

轴线测试精度应以满足飞行场地各组成部分尺寸的精度要求为原则。机场场道工程质量评定标准规定，道坪长度误差不应大于 1/3 000，宽度误差不应大于 1/1 000，所以采用轴线相交的不闭合的方格网就可以满足其精度要求。考虑到施工时，并不直接在主方格网上去放道坪角点，而是在主方格网控制下再布设放样导线，并考虑放样误差，所以主轴线边长测量精度采用三倍施工检验标准精度，取为 1/10 000，横向轴线量距精度取两倍施工检验标准精度，即为 1/6 000。

主方格网点的平面位置施测宜采用导线测量法，如地形复杂，横向方格两端点可用前方交会法。

主方格点应埋设 8 个以上永久性控制桩，桩的顶面不应小于 15cm × 15cm、底面 25cm × 25cm、高 80cm，如在冻土地区，控制桩应埋入冻土层下；在跑道中心线的两端应各有一个永久性控制桩，其他格点采用临时基点桩。

主方格网全部桩点高程应按直接水准三等要求施测，并量取桩面至原地面的高度；主方格点位实地放样后，应立即进行角度与距离复测，其精度为纵向直伸限差 8″、横向垂直限差 15″，如超限，必须进行点位调整。

(3)加密方格网

加密方格网测量时,在主方格网内进行加密,方格的边长根据实际情况选择,在平原地区为40m,在丘陵地区为20m。加密方格点的高程以面水准方法测定至1cm。加密方格点的点位相对邻近主方格的点位中误差,不应大于方格地形图上的0.8mm。以方格为基础,用长度交会法补测地物、地貌。

(4)绘制1:1 000或1:2 000的方格地形图

方格的边长。大的方格控制网建立后,内插成40m×40m(或20m×20m)的小方格,每一小方格顶点均应设临时木桩,并按坐标编上桩号。在平原地区为40m,在丘陵地区为20m,如图4-1所示。对地形变化大的局部地区,可以内插成10m×10m(或5m×5m)的小方格。方格网布置好以后,即可进行各桩点的高程测量,也称为面水准测量。测完后,根据各点高程插绘出等高线,其等高距为0.25m,这样就得出了场区地形图,用来进行地势设计、排水设计和土方量计算。疏散区的备用跑道,也可用此法测出,拖机道可按公路的线路测量方法来进行。疏散区停机坪及掩体,在地形复杂的时候应在放样后测出各点高程,然后绘成1:500的大比例尺地形图。

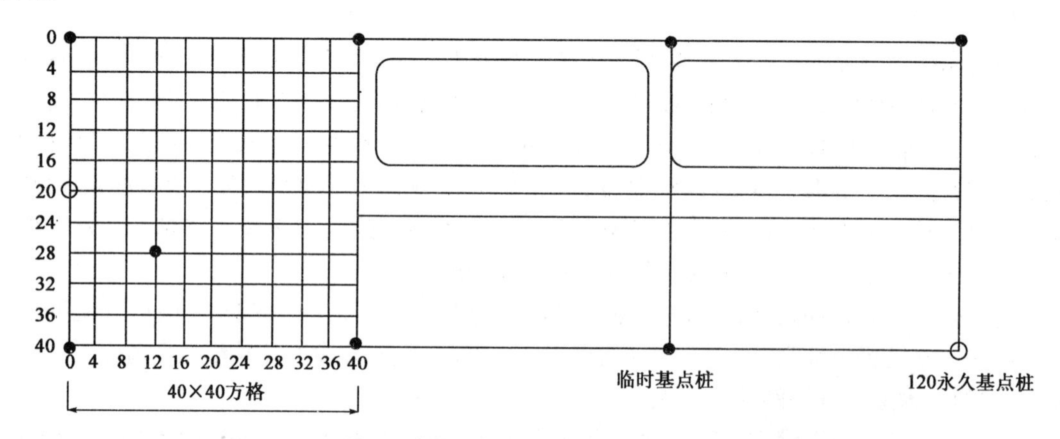


图4-1 方格网布置示意图(尺寸单位:m)

等高距。对于不同地形,绘制地形图时,等高距按表4-3的规定执行。一个测区同一比例尺宜采用一种基本等高距,等高距小于或等于0.5m时,高程注至0.01m,其余可注至0.1m。

**地形图等高距技术要求** 表4-3

| 测图比例尺 | 基本等高距(m) | | | | |
|---|---|---|---|---|---|
| | 平坦地 | | 丘陵地 | 山地 | 高地 |
| | $\alpha<1.5°$ | $1.5°\leq\alpha<3°$ | $3°\leq\alpha<10°$ | $10°\leq\alpha<25°$ | $\alpha\geq25°$ |
| 1:500 | 0.25 | 0.5 | 0.5 | 1 | 1 |
| 1:1 000 | 0.5 | 0.5 | 1.0 | 1 | 2 |
| 1:2 000 | 0.5 | 1.0 | 2.0 | 2 | 2 |

注:$\alpha$为地面倾斜角。

4.线路测量

线路测量主要测出排水线路,从场内通至每个出水口处,都应测出,以便看出天然坡度,以及场内的水是否能排得出去。应沿排水线路的两侧适当测宽一些，以便改变线路时考虑方便。当通往疏散区的拖机道地形复杂时，也应进行线路测量。其他如公路线路等，要根据实际情况来考虑，一般放在营区位置确定后进行。

主要测出排水、公路、拖机道、输油管线、电缆管线及上下水道等的线路图，主要工作为中线测量，纵、横断面测量以及带状地形图测量。测量时应首先敷设线路控制点，然后进行线路测量，控制点和线路的中心线一致。

（1）测量要求

线路的平面控制，宜采用附合导线，亦可结合中线测量一并考虑，即线路的起、终、转角点均作为导线点；中线转折角及导线点水平角观测，应采用两个半测回测量右角；两个半测回间，变动度盘位置；两个半测回角值差不应大于30″；线路（导线）起终点应与机场的平面控制点联测，其方位角附合差不应大于$60''\sqrt{n}$（$n$为测站数），平地坐标附合差为1/2 000；丘陵、山地纵坐标附合差为1/1 000；高程控制桩点，可沿线路两侧每隔200～600m设置一点。

（2）线路纵、横断面测量

线路纵断面测量，自线路起始点，沿所选的线路用钢尺量距，每隔40m设置一点，地形变化处加桩，经转折点处，按所测定转折角及所选半径设置曲线起、中、终点，所有测点均以里程表示。

线路横断面测量，其间隔视线路和地形情况而定，宽度通常每侧15～25m，对于拖机道适当加宽。沿中线每边视要求可测出50～300m，以便绘出纵横断面图，在设计时考虑线路位置是否有变更的可能，以及将来施工中备料等用地的规划。

线路中桩桩位精度：纵向误差不大于（$s$/1 000 +0.1）m（$s$为转折点至桩位距离，m），横向误差不大于10cm。

横断面测量精度，距离相对误差不大于（$L$/50 +0.1）m；高程误差不应大于（$h$/50 +$L$/100 +0.1）m（$L$为测点至线路中桩的水平距离，m；$h$为测点至线路中桩的高差，m）。

线路纵断面测量与已有路、管线、沟渠交叉时，应根据需要测定交叉角及交叉点的平面位置、高程、净空高。

纵断面图比例尺：水平1:500～1:2 000，垂直1:50～1:200。横断面图比例尺：水平1:200，垂直1:50～1:100。

根据实地情况，可选择比例尺为1:500～1:2 000；中线两侧通常各宽50m，拖机道适当加宽；施测要求按同比例尺地形图测量要求进行。

道路设计在机场中是配合设计各个阶段来进行的。通常在初步设计中，配合各个营区的布置方案，进行线路规划。主要是图上选线和在现场踏勘了解线路的可能性和好坏，一般只了解线路长度和工程量情况就可以了，不作具体设计。施工图设计阶段，各营区的位置已经确定，这时才进行正式选线、定线、设计工作。

5. 导航台站测量

（1）测量内容

测设近距导航台、远距导航台、超远距导航台、短波或超短波定向台、航向信标台、下滑信标台等台站的位置、在确定导航台站位置的过程中测绘各台站地形图时，视其复杂程度和测图面积，地形图比例尺采用1:200～1:1 000。以台站中心为点并以跑道轴线为零向或按真北方位,测定其遮蔽角,即周围障碍物的方向及仰角。按各台技术要求测定各台站区域内障碍物的平面位置与高程。

(2)台站测设要求

设置在跑道中线延长线上的各台位置,从跑道端中点起算,其偏离方向不应大于1′;各台至跑道端点距离的相对误差不应大于1/1 000;各台的中心位置应埋设水泥桩及沿跑道方向距中心50~200m的前后方向桩。

6. 洞库工程大比例尺地形图测量

防护工程的测量控制网可在场区主网下独立设置。网的等级和精度根据洞库类型、实地布网图形等确定。主要洞库,横向贯通中误差不大于10cm;一般洞库,横向贯通中误差不大于15cm;洞库竖向贯通中误差不大于10cm。

防护工程地形图的比例尺为1:1 000~1:2 000,洞库口部地形图的比例尺为1:200~1:500。

7. 营区大比例尺地形图测量

测绘各营区大比例尺地形图(1:500~1:2 000),等高距按表4-3规定。军用机场各类房屋本身面积不大,如比例尺太小,在图上就看不出问题,所以对建筑区通常测绘成1:500的地形图,所测范围,可按营房设计要求进行。

8. 机场位置点经度、纬度和跑道方向测定

在跑道方位、经度和纬度的测定中,跑道方位、经度和纬度均从跑道中点起算,跑道的方位、经度和纬度均与国家大地网联测反算,为大地坐标系,跑道真北方位角联测反算中误差不应大于20″,经度、纬度中误差不应大于0.1″,大地经纬度0.1″之差,约合实地3m,符合标图精度要求;如无法联测反算,可采用全球定位系统(GPS)或者天文观测定位,并归算至大地坐标系。

### 三、编制工程测量详勘报告书

详勘阶段的工程测量报告书一般由五部分组成,主要包括:测量的主要内容、完成时间;采用的控制网类型;平面、高程控制测量成果;对施工测量的建议;附件。其中附件部分主要包括机场控制网的略图和成果表,飞行场地方格网地形图(1:1 000~1:2 000),拖机道、道路、排水、输油、供水、供电等线路的带状地形图(1:500~1:2 000),纵断面图(水平比例尺1:500~1:2 000),横断面图(水平比例尺1:200),防护工程地形图(1:1 000~1:2 000),洞库口部地形图(1:200~1:500),洞库控制网略图,计算书,成果表,洞库轴线纵断面图,各营(库)区地形图(1:500~1:2 000),各导航台站地形图(1:200~1:1 000)等。

## 第三节　机场设计阶段的工程地质勘察

### 一、工程地质勘察工作的任务

工程地质勘察的主要任务是进行场道工程、洞库工程、营房工程的地质测绘、勘探与试验,桥梁、道路、铁路专用线及其他线路的勘察,天然建筑材料调查与勘探,水源地详细勘察。

## 二、工程地质勘察工作的主要内容

1. 场道岩土工程勘察

(1)勘察任务

场道岩土工程勘察的目的是查明场地工程地质条件和地基稳定性,进行机场环境工程地质评价和地质灾害预测,提出防治和监测措施,提供场道工程设计所需要的岩土参数,查明地下和地表水对场道工程的影响,及工程区范围内的土石比。

(2)岩土工程测绘技术要求

测绘主要在飞行场地范围内进行,其面积一般为 6 ~ 15km$^2$。

测绘比例尺一般采用 1:2 000,专题测绘宜采用 1:200 ~ 1:1 000。测绘精度,场道工程地段的地质点和地质界线,应用仪器测定,测点在图上的误差不超过 3mm,或采用 GPS 定位。其他地段用半仪器测定,测点在图上的误差不超过 5mm。测绘前要编写勘察纲要,当有条件时,应尽量使用机场区域的遥感影像、卫星影像进行工程地质判释。

(3)岩土工程测绘与调查内容

地貌:查明场区地貌类型、微地貌类型,划分地貌单元。

岩性:详细查明场区岩土类型、成因、结构特征,在山区结合钻探、物探确定第四系覆盖层厚度、基岩埋藏和风化情况、岩土性质,进行岩土分类。

地质构造:查明区域地质构造、构造形态、成因、分布规律,查明场区断裂的确切位置,分析其稳定性及其对机场工程的影响。

地下水:结合钻探查明场地的地下水类型、埋藏深度、动态变化规律,需要时编制最高等水位线图(1:2 000 或 1:5 000)。查明地下水出露点的位置、排泄方式及与地表水的关系,必要时做场区水文地质图。

特殊土:定性判定特殊土是否存在,查明特殊土的种类、层位、状态、分布范围、强度等级、防治措施。

水文:调查机场附近河流、湖泊历年最高洪水位,绘制历年最高洪水淹没范围(1:10 000);机场附近现有、拟建水利设施对机场的影响,进行汇水面积调查,绘制机场区汇水面积平面图(1:10 000 或 1:50 000)。

环境工程地质与不良地质现象:查明岩溶、崩塌、滑坡、泥石流、地震液化、地面沉降、潜蚀沟穴、土洞、墓群、暗浜、古海堤、矿产、磁异常等的分布与规模及其性质和动态规律。

季节性冻土:冻结深度、冻土性质、动态变化规律。

(4)勘探

①勘探线布置要求

跑道中心线上必须布置勘探线。

复杂或中等场地勘探线的布设。沿跑道轴线和平乡轴线两侧各 35 ~ 40m 处布置勘探线,滑行道、联络道、拖机道、应急起飞跑道沿轴线或两侧布设勘探线,停机坪(集体停机坪、警戒停机坪、加油坪、站坪)应布设方格式勘探网。

简单场地勘探线的布设。跑道轴线可只进行补充勘探工作,滑行道、联络道、拖机道、应急起飞跑道沿轴线布设勘探线,集体停机坪、警戒停机坪、加油坪按方格布式或梅花形设勘探线。

②勘探点布置要求

勘探点分一般性勘探点和控制性勘探点。根据场地条件。勘探点可以为探井、钻孔、动力触探孔和静力触探孔，当用静力触探孔代替钻孔时，静力触探孔不应超过钻孔总数的1/3。控制孔的数量应为勘探孔总数的1/3～1/2，每个地貌单元上均应有控制性勘探点。复杂和中等复杂场地一般沿跑道轴线布置3～5个深控制孔，钻孔和探井应错开布置，探井形式和定勘中要求相同。勘探点的间距见表4-4。

勘探点间距　　表4-4

| 场地复杂程度 | 勘探孔间距(m) | 场地复杂程度 | 勘探孔间距(m) |
|---|---|---|---|
| 复杂 | 50 | 简单 | 100～200 |
| 中等 | 50～100 | | |

当地层的层位不明、范围不清、结构复杂，或遇到起伏基岩、特殊土地基等专门工程地质问题时，可加大勘探点密度，调整控制勘探点的布置。

③勘探深度

勘探深度应从道面该处的道面设计高程起算。探井深度要求3～5m，最好达到成土母层，在淤泥沼泽地区，要达到硬土层为止。如跑道位置与定勘阶段的位置相同，应充分利用原有勘探资料。一般性钻孔深4～8m，控制性钻孔深12～16m（简单场地取低值，复杂场地或军民合用机场取高值），深控制孔的深度应大于20m，满足《建筑抗震设计规范》（GB 50011—2010）要求。

特殊性土层勘探深度根据要求而定。所有钻孔、探井必须测定地面高程，高程系统应与机场一致。采用静力触探时，应符合国家有关规定和地区的经验。最后要画出场区地质纵横剖面图。

沿拖机道也应进行钻探，一般每隔200m左右应有一个钻孔，地质地形复杂处应该加密，最后要画出拖机道地质纵断面图。

（5）取样与试验

①取样

测试孔与取样孔数量，按综合分析后划定的工程地质单元采取土样，采样数量满足数理统计要求，不少于勘探孔总数量的1/3～1/2，其余为鉴别孔或静力触探孔，并应满足场道纵向每100m地段内有取样和测试孔的要求。每一土层必须取样，取样间距宜为1.0m，场道地基土的每个层位每项岩土指标的数量应为6～12个，地基土的主要层位、压缩性高的层位、特殊性岩土层位、受地下水影响的层位宜采用高值。场道地基土试验荷载，除按一般要求外，必要时应考虑道面结构（道面、基层、底基层、压实土基部分）的实际荷载，增加12.5kPa、25kPa、50kPa几个阶段。当需考虑动力荷载时，可增加动力荷载的力学试验。土和岩石的物理力学指标，应按不同地貌单元划分区（段），按层位分别进行统计，提出供设计、施工用的岩土参数。

②试验

不同土需做的常规物理试验见表4-5。除常规试验外，软弱土层尚应进行三轴试验、无侧限抗压强度试验、高压固结试验等，获取固结系数、前期固结压力、超固结比、灵敏度、排水与不排水抗剪强度等参数。特殊土还应做判别指标、变形指标和强度指标试验。土的力学试验应取得的指标见表4-6，特殊部位的试验要求见表4-7。

不同土需做的物理试验　表4-5

| 土的类别 | 应取得的试验指标 |
| --- | --- |
| 黏性土、粉土 | 天然密度、天然含水率、相对密度、可塑性（液限、塑限）等 |
| 砂性土 | 颗粒分析、天然含水率、天然密度、相对密度、自然休止角（度） |
| 碎石土 | 颗粒分析 |
| 特殊土 | 判定指标、变形指标、强度指标、土基处理所需指标 |

土的力学试验应取得的指标　表4-6

| 试验项目 | 取得的试验指标 |
| --- | --- |
| 压缩试验 | 压缩系数、压缩模量、e-p曲线；对软弱土层需取得固结系数、先期固结压力、超固结比、灵敏度、无侧限抗压强度、回弹模量[天然或压实状态、加州承载比（CBR值）] |
| 剪切试验 | 黏聚力、内摩擦角，对软弱土层、裂隙土层、结构不均土层须做三轴剪切试验、十字板剪切试验，求得土的不排水抗剪强度 |
| 重型击实试验 | 最佳含水率、最大干密度 |
| 水理性质试验 | 毛细水上升高度、渗透系数（垂直、水平） |

特殊部位的试验要求　表4-7

| 试验项目 | 测试部位 | 试验项目 | 测试部位 |
| --- | --- | --- | --- |
| 电阻系数 | 停机坪、油库、导航台、变电站 | 有机质含量试验 | 各种建筑物的土基 |
| 水的腐蚀性试验 | 金属、电缆、混凝土、构筑物 | | |

高填方地区所有细粒土应进行高压固结试验、渗透试验，提供高压固结系数、固结曲线和渗透系数等。对与场区土方施工相关的细粒填土和原地面地基浅层细粒土应做重型击实试验，确定最大干密度与最佳含水率。每种土类重型击实试验的组数不应少于3～5组，场地复杂时取高值。根据需要测定土的有机质含量、易溶盐含量、酸碱度、毛细水上升高度等。

根据需要测定土基天然和压实状态下的回填模量、反应模量。

（6）原位试验

原位试验内容、方法、手段和工程地质单元内测试数量按定勘阶段要求。

2. 水文地质勘察

量取场区所有钻孔、探坑的初见水位、静止水位和泉点水位，结合地层、水位长期观测等资料，查明场区地下水的埋藏条件、含水层岩性、水位变化规律、补给来源、径流和排泄条件、污染情况、地表和地下水补排关系及其对地下水的影响。

宜进行抽水试验，查明影响半径、单井出水量、渗透系数等水文地质参数；采取水样做地下水腐蚀性试验和饮用水水质分析。

根据需要绘制场区水文地质图或等水位线图。

分析地下水对机场建设的影响，提出建议处理措施。

3. 土石材料性质与土石比勘察

对挖方区应进行土石材料性质与土石比勘察。

土石比勘察应采取物探与钻探相结合的方法，当采用以物探为主的方法时，应有足够的验证钻孔。

土石比勘察应按勘察要求明确界定土、石概念，并按需要区分硬质岩石与软质岩石。

对用作填料的细粒土进行击实试验，并对各类岩土作为填料的适宜性进行评价，提出密实措施建议。

4. 内外场营区岩土工程勘察

本阶段营区勘察工作，应对建筑物地基做出工程地质评价，并为地基及基础设计、地基处理与加固、不良地质现象的防治，提供可靠的工程地质依据。

勘探坑孔按建筑物轮廓和基础轴线布置，坑孔间距可参照表4-8。坑孔深度一般应适当大于附加应力与自重应力之比等于20%处，软土应适当大于附加应力与自重应力之比等于10%处。

**详勘阶段勘探坑孔间距**（单位：m）　　表4-8

| 场地复杂程度 | 简单场地 | 中等复杂场地 | 复杂场地 |
|---|---|---|---|
| Ⅱ类（一般民用建筑物） | 50～75 | 25～50 | <25 |
| Ⅰ类（重要的大型建筑物） | 35～50 | 20～35 | <20 |

当建筑物基础砌置深度为2m、单独柱基短边长度小于5m、压缩层范围内又无软弱地层时，对条形基础，勘探孔深度一般为$3B$～$3.5B$（$B$为基础宽度），对于单独柱基，一般为$1B$～$1.5B$。当无基础尺寸，勘探孔深（从基础底面高程算起）可参照表4-9确定。取试样勘探孔数量，应根据建筑物类别、场地面积及地基土复杂程度确定，一般占勘探孔总数的1/2～2/3。一般在压缩层中每隔1m选取试样一件，下卧层可适当放宽间距，但每一主要土层的试样总数不得少于6件。若有必要，也应进行荷载试验和抽水试验。采用人工加固地基时，在此阶段尚应进行地基加固试验。施工阶段还要进行基坑编录、降低水位效果等的观测。建筑物的使用期间，有时还要进行沉降观测。

**详勘阶段探坑孔深度**（单位：m）　　表4-9

| 条形基础 | | 单独柱基础 | |
|---|---|---|---|
| 荷载（t/m） | 勘探孔深度（m） | 荷载（t/m） | 勘探孔深度（m） |
| 10 | 4 | 50 | 4 |
| 20 | 8 | 100 | 5 |
| 50 | 12 | 400 | 10 |
| 100 | 15 | 1 000 | 13 |

总之，内、外场营区岩土工程勘察，应符合《岩土工程勘察规范》（2009年版）（GB 50021—2001）、《建筑地基基础设计规范》（GB 50007—2011）、《建筑抗震设计规范》（GB 50011—2010）的规定。

5. 洞库岩土工程勘察

（1）勘察任务

洞库岩土工程勘察的主要任务是进行详细工程地质测绘和工程地质钻探，查明工程地质条件,提供设计和施工所需岩土参数,依据《勘测规范》(GJB),进行围岩分类和围岩稳定性分析,提出施工方案建议和监测措施。

(2)勘察方法

勘察常用的方法有:工程地质测绘、工程地质钻探、工程物探、洞探。

(3)工作内容

①工程地质测绘(1:500~1:2 000)要求

工程地质测绘要测出岩体的地层、地质构造、成因、时代和分布;断层等软弱结构面的性质;岩体结构类型和特征;地下水的状况和不利影响。

②勘探

大、中型洞库沿轴线及洞壁外侧布置钻孔,钻孔数量不宜少于5个,需要时可布置探洞;小型洞库沿轴线宜布设1~3个钻孔(大、中、小型洞库的划分可参考地下工程勘测规范)。钻孔深度根据地质情况而确定,一般应穿越洞底设计高程以下3m;钻孔点位要用仪器精密测定;在钻探的同时有条件的可配合采用高密度电法、地质雷达、瑞雷波等物探方法;满足相关规范的增加平钻内容要求;当地质条件复杂,通过工程地质测绘、物探、钻探等手段,仍未查明工程地质条件的大型、重要工程,应作必要的洞探工作。关于洞探的要求和主要内容应符合《军队地下工程勘测规范》的相关要求。

③原位测试与试验

原位测试与试验包括如下内容:测定岩块密度、单轴饱和抗压强度、岩块和岩体声波速度;需要时应测定软弱结构面的抗剪强度,需要时应进行地应力和岩体应力松弛范围的测试;测定岩体中各种地下水的动态、涌水量和腐蚀性。

6. 天然建筑材料调查与勘探

(1)任务

对详勘场址建筑材料进行调查和勘探的主要任务是对块石、碎石、片石、砂砾石、砂、石灰、砖、粉煤灰、工业矿渣、土源等建筑材料进行调查,详细查明各种建筑材料的产地、储量、质量、开采与运输条件,估算有效利用系数。

(2)调查内容

对于石料场,主要鉴定岩石的种类、矿物成分、产状、胶结物及胶结程度、风化、节理、破碎程度、有无软弱夹层,可供开采的品种及储量估算,并查明卵石、碎石料场分布特点、埋藏条件、岩石种类、颗粒大小和形状、岩石强度及风化程度等;对于砂料场,重点查明中粗沙料场的生成条件、组成成分、颗粒形状和级配、洁净情况,估算储量;针对各类料场,重点查明各种料场中有无蛋白石、玉髓、磷石英等活性二氧化硅成分;对于黏土料场,主要鉴定土类、塑性指数、开采范围、占地情况。

(3)试验

针对建筑材料应进行必要的试验。石料:进行软弱和针片状石料含量测定,需要时应进行碱活性检验。砂、砾石料:进行颗粒分析,含泥量、云母含量、有机质含量、硫化物及硫酸盐含量的鉴定,需要时应进行碱活性检验。黏土:除常规试验以外,还需要做重型击实试验,必要时做胀缩性、易溶盐含量试验。

(4)应提交的资料

调查勘探完成后应提交相应的资料。主要资料包括:建筑材料调查报告书,内容包括材料开采方法、运输条件、材料价格、产地、储量、质量等;材料供应示意图;建筑材料一览表;勘探及试验成果表等。

7. 水资源详细勘察

水资源勘察为机场建设期和使用期用水提供依据,水源地勘察应参照专门供水水源地勘察要求开展勘察工作,主要内容包括:查明供水地段水文地质条件以及与供水有关的环境水文地质问题,确定取水的具体位置,进行水量测定、水质分析和评价,并初步拟定取水构筑物类型和布置方案的建议,最后还需提供水源地的详细水文与地质资料。

## 三、编制岩土工程勘察详勘报告书

报告书应由前言、机场工程地质条件和评价、结论与建议以及附属资料组成。

前言主要介绍勘察目的、任务、依据、完成的时间、工作量和勘察方法、工作布置及取得的成果。

机场工程地质条件和评价主要包括机场岩土工程条件介绍,水文地质条件分析和评价,岩土参数的统计与分析,飞行区和营区岩土工程分区及评价,挖方区土石性质、压实性分析与土石比,洞库工程围岩分级和稳定性分析,机场环境工程地质问题预测。

结论与建议主要对勘测任务书中提出的问题和要求做出结论,说明岩土参数的分析与选用,提出岩土利用、整治、改造方案及其分析,并针对土基加固提出建议措施。

附件中应附的图纸有:机场综合工程地质图(1:5 000 ~ 1:10 000),洞库工程地质图(1:2 000),飞行场地、营区、洞库勘探点布置图,跑道、滑行道、联络道、停机坪、拖机道、应急起飞跑道工程地质剖面图(1:500 ~ 1:1 000),各洞库工程轴线地质剖面图(水平 1:1 000 ~ 1:2 000、垂直 1:200 ~ 1:500)以及控制孔、取样孔、测试孔柱状图和根据需要做的机场专项水文地质图、地下水最高等水位线图(1:2 000)。应附的主要资料有:勘探点测量成果,岩土试验指标综合成果表,道面下天然土基原位测试成果表,水质分析成果表和天然建筑材料勘察报告。

## 复习思考题

1. 详勘的目的是什么? 主要包括哪几方面的内容?
2. 机场设计阶段工程测量主要包括哪些内容?
3. 机场设计阶段场道工程岩土、工程地质调查的主要内容有哪些?
4. 机场设计阶段复杂或中等场地勘探线的布设要求是什么?
5. 机场设计阶段简单场地勘探线的布设要求是什么?
6. 机场设计阶段气象、水文资料的调查包括哪些方面的内容?
7. 简述机场设计阶段主方格网施测技术要求。
8. 简述导航台站测设要求。
9. 场道工程地质勘察的任务是什么?
10. 防护工程、岩土工程勘察的任务是什么?
11. 建筑材料调查与勘探的任务是什么?
12. 建筑材料调查与勘探主要包括哪些方面的内容?
13. 岩土工程详细勘察报告书由哪几个组成部分? 应附的主要资料包括哪些方面?

# 第五章　其他机场勘测

## 第一节　扩(改)建机场勘测

机场扩建是指对原有机场提高等级的扩充建设,主要包括延长、加厚跑道和滑行道,增建停机坪,扩大油库容量,改善供水、供电等保障设施和生活用房等,通常在航空兵部队扩编、飞机换装、军用机场改军民合用时进行。机场改建是指对原有机场按原等级的改造,主要包括翻建跑道、滑行道、停机坪,更新供电、场道灯光等保障设施,通常在机场飞行场地和保障设施损坏时进行。

扩(改)建机场勘测工作的特点表现在以下几个方面:机场位置、跑道方向明确,因此对机场净空、地势勘测内容比新建机场要简单得多;原有机场的勘测、施工资料以及地质措施和建筑措施可以作为借鉴;扩(改)建机场的工程地质勘察应充分考虑原有机场跑道的稳定状况、使用效果以及道面加厚对原有道面、基础、土基稳定性的影响。

总之,机场扩(改)建机场勘测的主要目的是为论证机场场道工程扩(改)建的必要性和可行性提供所需的资料,为机场扩(改)建工程的设计和施工提供资料。

### 一、扩(改)建机场勘测的主要内容

机场扩(改)建的勘测工作主要包括收集机场资料、工程测量与净空测量、道面质量评定、排水系统调查、土基与基(垫)层调查、工程地质勘察、机场环境影响评价、扩(改)建工程规划与造价估算、编写勘测报告书。

1. 收集机场资料

了解机场扩(改)建的目的和对勘测的要求、机场等级、规模、机型及飞行量,搜集机场原有勘测、设计、施工、使用和维护等的全套资料;搜集机场及附近的地形、地质资料;调查机场曾使用过的机型、最大起飞质量、历年飞行架次、飞行事故情况;对于军民合用机场,还应了解预测的客、货运量,原道面的强度及使用年限,了解原道面维修、养护和破坏情况的资料;制订勘察计划、明确勘察重点和解决的主要问题。

2. 工程测量与净空测量

扩(改)建机场工程测量主要包括:修测或施测机场扩(改)建工程总平面规划地形图(1:2 000 ~ 1:10 000)、施测飞行场地扩(改)建地段方格网地形图(1:1 000 ~ 1:2 000)。

当机场道面损坏或提高机场等级时,应在施测机场道面分块平面图(1:200 ~ 1:500)的基础上,利用面水准测量,按照勘测要求测量分块角点高程,高程取至1mm,并绘制机场道面分块高程图。道面分块角点高程的水准网,宜100m设一个水准点,除环绕跑道、滑行道组成闭合环外,还应环绕联络道组成节点小网,按三等水准施测。相对邻近水准点高程中误差不大

于 5mm。

扩（改）建机场的地形图、方格网地形图及各种线路测量、导航台测量按详勘阶段的要求执行。

当机场延长跑道或提高机场等级时，应按定勘阶段净空测量的要求对机场净空进行复测，并按详勘阶段跑道测定方法复测机场的方位、经度和纬度。

3. 道面质量评定

当道面损坏或提高机场等级时，应进行道面质量评定，其目的在于查明道面结构、工程性能的演变与现状，为道面补强增厚提供资料。

道面外观及使用状况的调查。按照机场水泥混凝土道面使用质量评定标准的规定评定道面外观质量等级、防滑性能，测定道面平整度和强度以及跑道、滑行道、联络道、停机坪的道面厚度、道面结构以及材料组成。调查道面的完好程度，有无掉边、掉角、龟裂、面层剥落、断裂、变形错台等破坏现象。了解原道面老化和磨损情况，原道面是否进行过维修和补强，若有补强，则应了解其结构、厚度、范围及使用效果。如果原道面破坏严重，还需要分析研究原道面的材料，可否重复使用等。

道面钻探。选取有代表性的横断面进行钻探和试验，断面间距 400 ~ 500m，每个断面布设 3 个钻孔，道面中轴线部位设一钻孔。自整体道面中钻孔采样，以确定道面实际厚度及其材料特性（主要为劈裂抗拉强度测定），并求出混凝土抗折强度与抗折弹性模量。根据原道面设计与施工资料，再结合道面观测结果，确定原道面有无裂缝、沉陷和隆起，以及纵横断面有无变形。

测定原道面结构强度（基层顶面的当量回弹模量），施测跑道中线及两侧全长的强度图，点间距一般每隔 100 ~ 150m 选一段，各线分别测量 2 ~ 3 个点的回弹弯沉值，相邻测点的弯沉值相差不超过 10% ~ 15%，最终代表强度取其平均值。

上述测定要求在道面结构强度不利季节进行。对已经丧失强度或强度很不均匀的道面，应确定是否将原道面破碎重新碾压，还是直接在其上铺筑补强新道面，并根据现有道面设计强度计算道面补强厚度和工程量。

4. 排水系统调查

当场道工程扩（改）建时，应调查排水系统和排水构筑物的现状，并研究排水系统扩（改）建对周围建设和环境的影响。

5. 土基与基（垫）层调查

当土基与基（垫）层必须处理时，应进行稳定性和浸水情况调查。目的在于查明土基与基础的现状和使用质量，为土基与基础的改造与利用提供依据。

土基与基（垫）层稳定性调查包括：①土基与基（垫）层的结构形式、断面尺寸；②土基与基（垫）层的稳定性和完整情况；③土基与基（垫）层有无松软、沉陷、滑塌现象；④如有不良地质或特殊土时，应查明分布范围及其危害程度。

土基浸水情况调查包括：①调查土基中地下水埋深及毛细水饱和带位置；②研究分析地下水、地表水对土基稳定的影响；③道面接缝处渗水程度、有无唧泥现象；④现有土基的防、排水设施是否良好。

6. 扩(改)建机场岩土工程勘察

扩建跑道、滑行道、停机坪时,应按详勘阶段岩土工程勘察的要求进行工程勘察。原机场资料丢失或当原有地质资料不能满足扩(改)建设计和施工需要时,应根据具体情况进行下列补充勘察工作:①深入调查地质病害点的状况、整治措施及效果;②查明地层岩性、不良地质和特殊土的分布范围及危害程度、地下水埋深和冻结深度;③在跑道道肩外侧布设两排勘探孔,呈梅花形布置,间距 200 ~ 300m,扩建地段为 50 ~ 100m,孔深在设计面下 5 ~ 8m,道面上的钻孔应结合道面强度测试布孔,在道面钻探的同时向下延深 5 ~ 8m;④进行土的常规物理性质、抗剪强度、土基回弹模量、击实等试验;⑤查明建筑材料产地、储量、质量和价格。

扩建防护工程时,应按详勘阶段防护工程地质勘察的要求进行岩土工程勘察。

工程地质测绘,应充分利用原机场地质资料,深入了解地质病害点的状况和整治措施效果;测绘 1:2 000 工程地质图;测绘范围在飞行场地两侧 500m 的范围内进行,地质条件复杂地段,根据需要适当加宽。

测绘内容:主要查明地层岩性、不良地质、特殊土的危害状况及整治效果,土基内有无形成翻浆的土层、地下水埋深、水温变化特点,场区如有湿陷性土、膨胀土、软土、盐渍土时,应按特殊土的要求进行测绘、勘探和试验,并提出工程措施供设计应用。

勘探。主要在原道面上钻孔和在跑道道肩外侧布设两排勘探孔,呈梅花形布置,间距 200 ~ 300m,扩建地段为 50 ~ 100m,孔深在设计面下 5 ~ 8m,根据所分析土层结构、地下水埋深和绘制地质剖面图的需要确定。道面上的钻孔应结合道面强度测试布孔,在道面钻探的同时向下延伸 5 ~ 8m;原位测试位置、取样方法与详勘相同。对影响道面、土基稳定和飞行安全的坑(孔)经鉴定、测试的应立即回填夯实。

土工试验。进行土的常规物理性质试验,包括在跑道加长部位测定土基回弹模量、内摩擦角和黏聚力,实测冻结深度、相对冻胀率、强烈毛细水上升高度;土基和基层的重型压实度值和最大干密度及最佳含水率。

最终,岩土工程勘察报告的编写应满足定勘阶段岩土工程勘测报告的编制要求。

## 二、扩(改)建机场勘测报告书的编制

勘测报告书的内容和所附资料,应按机场扩(改)建工程勘测任务书的要求及机场具体条件参考报告书内容和报告书应附资料的要求确定。

勘测报告书的内容应包括:①勘测工作概况,即勘察依据和要求、工作方法、完成工作量、原有资料搜集情况;②机场现状和存在问题,即场区的地层、岩性、地质构造、地震烈度、地下水埋深、冻结深度、不良地质作用和特殊土的危害情况;③场区地质概况和综合评价;④原有道面质量评定、土基处理意见、道面设计参数和对加厚层设计的建议、机场排水工程扩(改)建方案、机场防护工程扩(改)建方案、砂石料的来源等;⑤扩(改)建机场飞行场地的平面布局;⑥预测 10 ~ 15 年后使用的机型、飞行量及客货运量;⑦扩(改)建机场净空;⑧机场扩(改)建后,对当地政治、经济、环境的影响;⑨综合论证扩(改)建机场的必要性和可行性。

勘测报告书应附资料主要包括:机场扩(改)建工程总平面规划图(1:2 000 ~ 1:10 000)、扩(改)建机场净空平面图(1:50 000)和剖面图、飞行场地扩(改)建地段方格网地形图(1:1 000 ~ 1:2 000)、机场跑道方格网地形图(1:400 ~ 1:1 000)、机场道面分块角点高程图(1:200 ~

1∶500)、扩(改)建的道路及各种线路带状地形图、纵横断面图、扩(改)建的营(库)区地形图(1∶500～1∶2 000)、扩(改)建的防护工程地形图(1∶1 000～1∶2 000)、扩(改)建的导航台地形图(1∶200～1∶1 000)、机场道面质量评定报告书、建筑材料调查报告书、机场环境影响评价报告书、工程造价估算表、原机场跑道、土基纵横断面图、工程地质图(1∶2 000)、岩土物理力学试验报告表。

# 第二节　水上机场勘测

## 一、水上机场组成与勘测特点

### 1. 水上机场组成

水上机场是专门设置的、连同近岸区的水域。它包括保障水上飞机起飞、降落、滑行以及维护和停放水上飞机的一整套建筑和设施。水上机场由水上飞机起飞降落水域、勤务技术建筑区(岸边地段)和机场空域三部分组成,主要部分是水上飞机起飞降落水域。

水上飞机起飞降落水域是水上飞机实施起飞、降落、滑行、停放和漂浮中进行维护的水域,由飞行水域、滑行带和港湾组成。飞行水域供水上飞机实施起飞和降落之用;滑行带供水上飞机在起飞前和降落后滑行之用;港湾是用来停放和维护漂浮的水上飞机以及安放供维护水上飞机用的浮动器材。水上飞机起飞降落水域,应具有能保障水上航空活动安全的平面范围和深度,以及用于维护水上飞机的浮动器材运行的航道。如果水上飞机起飞降落水域与船只航道交叉,那么起飞降落水域应当避开水上和水下障碍物,以免造成与水上飞机碰撞的危险。水域中的流速不应超过3m/s。如果飞行水域呈圆形,可以实施所有方向上的起飞和降落。在河上,飞行水域可以是长方形的。选作水上机场的水域,应能预防风浪和微波的冲击,其岸上地带,当有洪水、堤坝放水和涨潮时,应不致被淹没。在河上,起飞降落水域应尽量选择在河流弯曲处或者河流汇合点附近,最好选择能配置数条飞行带的水域。飞行带方向的选择应考虑盛行风,以便起飞能在逆风条件下实施。

勤务技术建筑区是岸边地段,那里是为维护水上飞机而建造的房屋和构筑物。例如在勤务技术建筑区建造的为运输服务的房屋和构筑物。

机场空域是水上机场及其周围地区上面的领空,这里没有高大障碍物,水上飞机能在起飞降落水域进入并安全降落,在起飞时能够爬高。

水上机场按配置地点分为海上机场、河上机场和湖上机场;按使用年限、设施和用途分为永久水上机场、临时水上机场和专用水上机场。在永久机场上,可以长期使用水上飞机,这种机场设有永久性房屋和构筑物;在临时机场上,水上飞机使用时间短(为了通信联络、勘测、专用航空作业、抢险救灾等),房屋和构筑物也是临时性的。

### 2. 水上机场勘测需要考虑的因素

水上机场与陆上机场在勘测中需要考虑的因素是相似的,但由于水上机场的特殊性,其在设计、建设和使用时还应考虑一些特殊的水文、气象因素,如水位变化、波浪、水流和冰情以及风、云、能见度、气温等。

水位变化。影响水上机场使用的水位变化主要是起飞降落水域的水位变化,这种变化因多种原因而发生。因此，为了在设计水上机场时考虑水位变化，需要具备水位频率和水位维持频率的资料。海上机场水位变化，主要是由于在风的长时间作用下风增水现象和涨落潮现象引起的。因此，海上机场起飞降落水域的选择，应尽可能使该水域具有免受大风浪进入的天然屏障。水上机场最好是紧靠海湾和河湾，在海湾和河口，涨落潮差可达10m，这就需要相应的计算。

风是使水面形成波浪的主要原因。由于风压的垂直分量，水体失去平衡，质点产生摆动，根据惯性，这种运动在风影响之后还要持续一段时间。由于大风是阵性的，所以，它对水面的压力具有复杂的性质，形成一条完整的波谱。某一点水体，没有风的影响也可能运动，比如远风暴的后果就是那样。因此，在露天水体上修筑水上机场，应当详细研究波浪的特点。

水流速度。在许多情况下，水流速度具有很大的意义。当水上飞机在水上机动时，应考虑水流速度。在水流影响下，水体的河床发生变化，冲击层发生位移，使起飞降落水域建造的水上机场构筑物基础受到冲刷，有流冰时，冰能对构筑物形成压力。在不同的水体和港汊，水流速度及其冲击活动也不一样。为了设计和使用水上机场，必须要有具有影响水流和冲击的各种因子的详细资料。风对水流速度有一定影响，当风向与水流方向一致时，流速增大，在相反的情况下，则减小。在内海，风是引起水流的主要原因。在设计海上和湖上机场时，必须有水流速度和方向的分布图，以便最佳地解决水上机场的使用问题。

风除了能影响某些水文因子外，还能影响水上飞机起飞滑跑距离和降落滑跑距离，所以对风的考虑是必要的。水上飞机同陆上飞机一样，都是逆风起飞和降落。水的阻力比陆地小得多，因此水上飞机的起飞降落距离比陆上飞机的要长得多。起飞跑道的范围是由水上飞机的起飞降落特性、水流速度、波浪高度和水道深度确定的。根据水上机场区域风的状况及计算的机场放行能力，飞行水域可以有一条或数条飞行带。

对云和有限能见度的考虑，与设计和使用陆地机场时大体相同。

## 二、水上机场选勘

水上机场选址勘测的主要工作是收集资料、水深调查与测量、工程地质勘察、水质初步调查与鉴别、材料勘察、社会经济状况调查、选勘报告书。

1. 收集资料

飞机资料。主要收集机场的设计机型、翼展、机身长度及高度、最大重量及轮压、起降滑行距离、爬坡性能、最大吃水深度、抗风性能及系留拖曳要求等。

水区水文、气象资料。对于湖区、库区，主要调查最高水位、正常水位、平均水位、枯水期水位、死水位及水位年、月变化；对于海区，主要调查海区的最高潮位、最低潮位、平均高潮位、平均低潮位、大潮平均高潮位、大潮平均低潮位、小潮平均高潮位、小潮平均低潮位、平均潮位、最大潮差、平均潮差及潮差年（月）变化以及不同方向的波浪要素、频率变化、波浪形态及波浪年（月）变化等；对于水流、潮流、海流，应调查水流、潮流、海流的流速、流向沿平面及水深的变化，沿岸环流及回流的性质和特征；对于泥沙，应调查泥沙的来源、特性、运动规律、运移形态等；对于冰凌，应调查冰凌的结冰初终日期、范围、冰层厚度、流水期限、冰块大小、流速、流向等；此外，还应调查水区沿岸的气温、湿度、雾、能见度、风、降水、雷暴、冰雹等的年（月）变化。

2. 水深调查与测量

水深调查与测量的目的是大致了解水域的水底地形地貌变化情况。调查水深可采用搜集水源已有各种水深图、海图或进行水深测量等方法，如需进行水深图测量时，可按如下技术要求进行。

(1)坐标和高程系统

水深图的坐标和高程系统应与陆地地形图一致，高程系统按下列原则确定：在海区应采用理论深度基准面；在湖区、库区等水区应采用1985 国家高程基准；在未建立高程系统的地区，可设临时验潮站观测水位或用其他方法确定高程基准面。

(2)比例尺

水深图比例尺宜用1:5 000 或1:10 000。

(3)测量技术指标

水深点深度中误差，当水深10m 以内为0.15m，10～20m 为0.2m；点位中误差为图上1.5mm；测深断面间距为图上2cm；测点间距为图上2cm；等深线在图上的中误差见表5-1；当水底倾角小于1°时，等深线中误差按水深点深度中误差计算；1:10 000 的水深图可利用相应的海图。

水深测量图等深线中误差表　　表5-1

| 比例尺 | | 1:500 | | 1:1 000 | 1:2 000 | | 1:5 000 | |
|---|---|---|---|---|---|---|---|---|
| 基本等深距(m) | | 0.5 | 1.0 | 1.0 | 1.0 | 2.0 | 2.0 | 5.0 |
| 水底倾角<br>1°～3° | 图上间距(mm) | 19～60 | — | 19～60 | 10～30 | — | 8～25 | — |
| | 中误差(等深距) | 1/3 | — | 1/4 | 1/3 | — | 1/3 | — |
| 水底倾角<br>3°～6° | 图上间距(mm) | 10～19 | 19～38 | 10～19 | 5～10 | — | 4～8 | — |
| | 中误差(等深距) | 2/5 | 1/4 | 1/3 | 2/5 | — | 1/2 | — |
| 水底倾角<br>6°～15° | 图上间距(mm) | 4～10 | 8～19 | 4～10 | 2～5 | 4～10 | 2～4 | 4～10 |
| | 中误差(等深距) | 1/2 | 1/3 | 1/2 | 1 | 1/2 | 1 | 1/2 |
| 水底倾角<br>15°～30° | 图上间距(mm) | 2～4 | 4～8 | 2～4 | — | 2～4 | — | 1～2 |
| | 中误差(等深距) | 1 | 1/2 | 1 | — | 1 | — | 1 |
| 水底倾角<br>30°～45° | 图上间距(mm) | — | 2～4 | 1～2 | — | 1～2 | — | 1～2 |
| | 中误差(等深距) | — | 0.8 | 1.6 | — | 1.6 | — | 1.6 |

3. 工程地质勘察

(1)工程地质勘察内容

调查陆区和飞机水上活动区域的地层成因类型、岩性、产状特征、分布概况、地质构造、地震活动、地下水等情况；湖泊、水库、河口、海滨的岸坡形态与稳定性、地貌特征、冲淤变化、淹没范围等。

(2)勘探与试验

对拟选场址宜用简便方法进行勘探，如标准贯入试验、浅层剖面仪探测等；湖(库)区顺岸向勘探点间距为200～300m、垂岸向勘探点间距为100～200m；海区勘探点间距为500～1 000m；勘探深度一般不超过40m。

4. 水质初步调查与鉴别

主要是确定有害污染源及水域污染程度，判别水质对混凝土、钢等材料的腐蚀性。

5. 材料勘察

调查各种材料的产地、储量、性能、开采、运输、价格等，着重调查材料的抗海水性能及耐久性。

6. 社会经济状况调查

调查场址范围内耕地、山岭、水域、岸线、滩地、植被、水生物、工程设施等的归属，水域及周围渔副业生产基底位置、规模、产量、种类、发展规划，旅游开发区、生态保护区、水底油气矿产资源区的现状及远景规划等。

7. 选勘报告书

报告书内容包括陆区、水区的自然条件、地理环境、社会环境，对水文、气象、水质、水深、地质、地貌、建筑材料、水电、交通等建场环境的评价；拟选的各场址建场的适宜性及优缺点；推荐进行定勘的场址。

报告书应附的资料包括各项调查资料；标明机场规划方案的水深图或海图（比例尺为1:5 000或1:10 000）。

## 三、水上机场定勘

定勘主要包括水文、气象调查与分析，水深的测量，工程地质勘察，水质分析，其他内容，定勘报告书编制六部分内容。

1. 水文、气象调查与分析

统计分析各种影响飞机水上活动及船舶作业的水文、气象因素和日数。确定水域场址不同方向、不同积累率、不同重现期的设计和校核波浪要素（波高、周期与波长）。确定一定积累率的设计高水（潮）位、设计低水（潮）位及一定重现期的校核高水（潮）位、校核低水（潮）位。设计和校核波浪要素与水（潮）位的标准。在无潮位观测资料的海区，应设临时验潮站，进行一天24小时潮位连续观测，验潮时间不应少于一个月。在水流变化复杂的水区，可按有关规程进行流速、流向的连续测定。调查研究飞机的入水道的建设、水上滑行道或飞行水区等对海（湖、库）底、岸滩冲淤变化的影响；必要时，可进行水区动力模型试验、数值模拟或利用遥感资料等进行专门研究。

2. 水深的测量

测图应在飞机入水道、水上滑行道、飞行水区及港区范围进行。水深图比例尺采用1:1 000或1:2 000。除测点间距为图上1cm外，其他要求按选勘阶段要求执行。图上应标明浅滩、暗礁、淹没建筑物、沉船等障碍物的位置、范围、深度、性质及海底地形地貌。

3. 工程地质勘察

（1）勘察要求

着重调查水域动力地貌特征、岸滩冲淤变化、岸线迁移过程、岸坡稳定、地层分布规律、岩土层性质、时代、成因类型、岩层的风化程度、埋藏条件及产状等。调查不良地质及软土的分布范围、发育程度、形成原因及对工程的影响。收集水域人工建筑物对水底地形、岸滩冲淤的影响及当地建筑经验。了解地震烈度及当地建筑物抗震设防情况。

(2)勘探

湖区、库区建筑物勘探线一般垂直岸向布置,海区建筑物勘探线一般平行建筑物长轴方向布置,但当建筑物位于岸坡较陡的地区时,亦可垂直岸向布置。勘探点线间距,可按表5-2确定,在岸坡区,地貌、地层变化处,以及不良地质现象发育处应适当加密勘探点。

**水区勘探线和点的距离**(单位:m)　　表5-2

| 工程类别 | | 地形、地质条件 | 勘探线间距 | 勘探点间距 |
|---|---|---|---|---|
| 湖区 | 飞行水区、港区水上滑行道区 | 山区 | 50~70 | 40~70 |
| | 入水道区 | | | |
| | 飞行水区、港区水上滑行道区 | 丘陵 | 70~100 | 70~100 |
| | 入水道区 | | | |
| | 飞行水区、港区水上滑行道区 | 平原 | 100~150 | 100~150 |
| | 入水道区 | | | |
| 海区 | 入水道区 | 岩基 | ≤50 | ≤75 |
| | | 岩土基 | 50~100 | 75~100 |
| | | 土基 | 75~150 | 100~150 |
| | 飞行水区、港区水上滑行道区 | 岩土基 | 150~200 | 150~200 |
| | | 土基 | 200~300 | 200~300 |

勘探深度按5-3确定。勘探点中,取样孔为1/4~1/2,竖向取样间距一般为1~2m,其余为标准贯入试验孔或静力触探孔;疏浚区域一般仅布置鉴别孔或标准贯入试验孔。土工试验按常规试验进行。

**勘探点深度**(单位:m)　　表5-3

| 工程类别 | 一般性勘探点勘探深度 | 控制性勘探点勘探深度 |
|---|---|---|
| 飞行水区、港区、水上滑行道区 | 设计水深以下2~4 | — |
| 入水道区 | 10~15 | 20~40 |

4. 水质分析

主要测定水区水的化学成分、含量、酸碱度(pH值)、含泥量。确定有害物污染程度、主要污染源,预测水质变化趋势。

5. 其他内容

水上机场其他内容的调查同陆上机场。

6. 编制定勘报告书

报告书内容包括:各场址基本情况、主要优缺点及存在问题;对各场址的建场条件进行综合评价,从中推荐最佳场址。

报告书应附的资料包括:标明机场总体布局的水深、地形图(1:5 000或1:10 000);标明水底障碍物的水深图(1:1 000或1:2 000);工程地质勘察报告;水文资料及分析报告;潮(水)位、潮(水)流、泥沙等的调查、测验资料。

## 四、水上机场详勘

详勘主要包括水文分析与研究、水深测量、地质勘探与试验、编制详勘报告书四个方面的内容。

1. 水文分析与研究

进行水文设计参数的校验与近岸波浪推算，具体要求为：进一步校验设计、校核水位或潮位、深水波浪等要素，必要时可设立海洋观测站进行水位波浪的长期观测；根据水域水深变化情况，推算不同水深条件下的设计波浪要素。

必要时对特殊水文现象进行调查与研究，具体要求为：台风增水与减水的幅度对水位的影响，海啸发生的可能、周期、水位持续时间及对水工设施影响等；湖区、库区滑坡涌浪的可能性及对水工设施的影响。

2. 水深测量

水深图比例尺采用1:500或1:1 000。等深线在图上的中误差同选勘阶段。水深测量其他要求同定勘阶段。必要时，可进行定深扫测。水深图应标明水下局部地形、地貌变化、障碍物高度和范围。

3. 地质勘探与试验

详勘提供的工程地质资料要满足地基基础设计、施工的需要，应详细查明各个建筑物所涉及的岩土分布和物理学性质，以及影响地基稳定的不良地质条件。

勘探点（线）布置方法、数量、间距按表5-4确定。

**勘探点（线）的布置要求**　表5-4

| 结构形式 | 勘探点（线）布置方法 | 勘探线距或条数 | | 勘探点距或点数 | | 说明 |
|---|---|---|---|---|---|---|
| | | 岩土层简单 | 岩土层复杂 | 岩土层简单 | 岩土层复杂 | |
| 斜坡式 | 按垂直结构物轴线方向 | 50～100m | 30～50m | 20～30m | ≤20m | |
| 桩基 | 沿结构中心线 | 1条 | 1条 | 30～50m | 15～25m | |
| 墩式 | 每墩至少一个勘探点 | — | — | 墩基尺较小至少一个点 | 墩基尺寸较大至少三个点 | |
| 板桩式 | 按垂直结构轴线方向 | 50～75m | 30～50m | 10～20m | 10～20m | 一般板桩前沿点距10m，后为2m |
| 重力式 | 沿结构长轴方向布置纵断面 | 1条 | 1条 | 20～30m | ≤20m | |
| 疏浚区 | 视具体需要增补勘探点 | — | — | — | — | |

勘探深度按表5-5确定，当为淤泥、淤泥质土时，勘探深度应适当增加，疏浚区勘探深度同选勘，为查明岸坡、边坡稳定性所需勘探深度，应根据具体地质条件确定。勘探点中，对建筑物地基的勘探，原状孔不少于1/2，其余为标准贯入试验孔或静力触探孔。

**勘探点的深度要求** 表 5-5

| 结构形式 | 勘探至基础地面(或桩尖、管柱底)以下深度(m) | | | |
|---|---|---|---|---|
| | 一般黏性土 | 老黏性土 | 中密、密实沙土 | 碎石土 |
| 重力式 | ≤1.5*B* | ≤*B* | 3~5 | ≤3 |
| 斜坡式 | 10~15 | ≤10 | ≤3 | ≤2 |
| 板桩或桩基 | 5~8 | 3~5 | 3~5 | ≤2 |
| 管柱 | 管柱直径的(1.5~2.0)倍 | | | |

注:表中 *B* 为基础宽度。

各结构物地基计算所需岩土物理力学指标及重点取样测试区一般按表5-6确定。

**重点取样示例表** 表 5-6

| 结构形式 | 重点取样测试区 | 地基岩土指标 | 用于建筑物地基计算的项目 |
|---|---|---|---|
| 重力式 | 持力层、开挖边坡区 | 一般物理性指标、老黏性土的含水比、压缩系数、抗剪强度、摩擦因数 | 倾覆稳定、滑移稳定、容许承载力、整体稳定、沉降 |
| 桩基或管柱 | 桩入土范围、桩尖持力层 | 一般物理性指标、抗剪强度指标 | 整体稳定、桩的承载力 |
| 板桩式 | 板桩后主动土压力区、板桩前被动土压力区、整体稳定验算区 | 一般物理性指标、抗剪强度指标 | 板桩入土深度、整体稳定 |
| 斜坡式 | 整体稳定、持力层及基槽边坡稳定验算区 | 一般物理性指标、抗剪强度指标 | 整体稳定、容许承载力、基槽边坡稳定 |

取样竖向间距具体要求为:重点取土区,取样竖向间距为1.0m;非重点取土区,取样竖向间距一般不超过2.0m。

各类土的试验要求为:对淤泥、淤泥质土等软弱土层应采用静力触探法、三轴试验、无侧限抗压强度或现场十字板剪切试验确定其力学参数,不宜采用直接快剪确定抗剪强度。对坚硬、硬塑状态的黏土宜采用无侧限抗压强度试验,抗剪强度试验一般采用快剪和固结快剪法,并一律取峰值强度或最大值强度。宜用原位测试所得参数结合土层的物理力学性质综合确定单桩承载能力。各类岩土除进行常规室内试验外,根据工程需要可增加渗透系数、固结系数、前期固结压力、灵敏度、烧灼损失等指标的试验。此外,条件许可时,需测定场地设计地震参数。

4. 编制详勘报告书

报告书内容应包括:场区主要岩土工程问题的说明,并提出结论性意见;场地设计地震参数;地基基础设计所需的岩土物理力学指标及各层土的承载能力;场址水域各区的设计和校核波浪要素及特殊水文现象参数;对不良地质提出防止建议,推荐水工结构形式。

报告书应附的资料包括:水深地形图(1:500 或 1:1 000);工程地质剖面图、平面图、柱状图;土工实验成果图表;水文专题调查研究资料;其他项目专题试验报告。

# 第三节　公路飞机跑道勘测

## 一、公路飞机跑道组成

公路飞机跑道是指利用公路修建的飞机跑道，平时作为公路使用，战时作为飞机起飞着陆的场地。

公路飞机跑道作为辅助机场，使用的机种比较少，主要供歼、强击机使用，亦可供中小型运输机使用。在公路跑道建设标准中，考虑公路跑道的特殊性，根据公路跑道道面宽度将公路飞机跑道分为一、二级，每一级中又分为甲、乙两类。其中，一级公路飞机跑道的道面宽度为25m，二级公路飞机跑道的道面宽度为20m，分别建在高速公路和一级公路上。类是根据公路跑道的作用来分的，甲类指配套设施比较齐全，可供飞机起飞着陆、隐蔽疏散，使用时间比较长，类似一个小型机场；乙类是指只规划导航台和疏散区，不规划其他设施，只能供少量飞机起落和疏散。

公路飞机跑道的布局形式一般有两种：一是跑道（含端保险道）与公路完全吻合，见图5-1；另一种是跑道部分与公路吻合，两端保险道延伸到路面之外，见图5-2。有条件的路段，应采用第一种形式。公路飞机跑道的长度按计算确定。

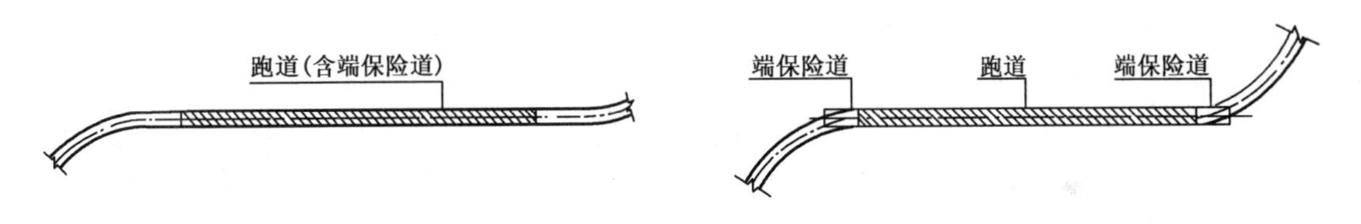


图5-1　公路飞机跑道平面示意图（一）　　图5-2　公路飞机跑道平面示意图（二）

## 二、公路飞机跑道勘测要求

自二战中首条公路飞机跑道诞生至今，公路飞机跑道的建设日益广泛。1994年总后勤部颁布了《公路飞机跑道工程建设标准》（GJB），为我国公路飞机跑道建设提供了依据，但标准中并没有涉及勘测的内容。目前，公路飞机跑道的勘测工作，仍参照军用永备机场的勘测要求执行，但公路飞机跑道又有其特殊性。公路飞机跑道建设一般分两种情况，一是在公路建设初期就考虑结合公路建设，修建公路飞机跑道；二是高速公路已经建成，考虑在高速公路基础上改建公路飞机跑道。下面分别从选址、新建公路飞机跑道、改建公路飞机跑道三个方面来介绍公路飞机跑道的勘测与选址工作。

1. 公路飞机跑道选址原则

公路飞机跑道依托公路修建，在选址时首先要服从公路的走向和线路要求。公路飞机跑道在满足永备机场选址要求的基础上，还要满足公路的技术要求。在满足一般机场选址要求的基础上，还应满足如下要求：

（1）公路飞机跑道离永备机场的距离要合适

公路飞机跑道是辅助机场，固定的保障设施很少，在战时使用时，要依托永备机场保障，如油料供应、导航设备、机务设备和保障人员等都要从永备机场运输，因此离永备机场不能过远，《公路飞机跑道建设标准》规定公路里程不超过100km，也有个别机场就在永备机场附近。

（2）公路飞机跑道的位置要选择公路直线段比较长的地方

公路平面线形是由直线和曲线交替组成的。直线段过长，可能使驾驶员产生单调、疲劳的感觉，造成车速过快等问题，易发生交通事故。因此，公路工程技术标准中规定按计算行车速度驾驶时，直线段不超过70s的长度。如高速公路计算行车速度120km/h，则驾驶70s的长度为2 333m。大部分直线段在2km以下，有的只有几百米。因此跑道位置应选择直线段较长的地方，有时还要特意加长。

（3）要满足机场净空要求

尽量选在地形平坦的地段，公路最好在填方段，不出现挖方段。因为在公路的挖方段，两侧地面超过了跑道高度，不满足净空要求。如果进行处理，需要挖很多土方，还要征地，费用增加很多。关于这一问题，后面还要详细说明。但是填方段的填方高度也不能过高，《公路飞机跑道建设标准》规定尽量不超过3m，有两个方面的原因：一是过高的填方给飞行员心理造成一定压力，因为公路跑道比较窄，一旦偏出跑道，就会机毁人亡，当然，如果有1～2m的高差，偏出后也可能造成严重事故，但飞行员心理压力小一些；二是高填方地段不宜布置保障设施，如保障车坪、T字布等。

（4）避开较大桥梁、架空高压线、跨线桥等影响安全的设施

桥梁主要存在两个问题：一是被敌人轰炸后不易抢修；二是桥头容易出现不均匀沉降（出现桥头跳车），使跑道平整度变差。在永备机场中，不允许修建桥梁或明涵，只能修建暗涵。公路上桥梁、涵洞很多，特别是高速公路，除了流水的桥涵外，还有车辆和行人的通道，要完全避开是不可能的，只能避开较大的桥梁。《公路飞机跑道建设标准》（GJB）中规定尽量避开跨径超过8m的桥梁。

（5）尽可能与附近永备机场跑道方向和主风方向成较小的夹角

与永备机场成较小夹角是为防止产生飞行干扰，有利于迫降等。与主风方向成较小夹角是为尽可能获得较大的风保障率。

*2. 新建公路飞机跑道勘测要求*

新建公路飞机跑道的勘测工作是结合公路选线工作开展的，因其既要满足公路使用要求，又要满足飞机起降要求，故其应在满足公路选线要求前提下，遵循机场选勘、定勘、详勘的勘测流程。关于选址需要的资料收集、工程测量、工程地质勘察等具体工作要求，可按机场勘测规范要求进行，但其在位置选择上与军用机场存在差异，应综合考虑直线段的使用条件、建设条件和保障条件，除符合公路技术要求外，还应考虑下述因素：①作战意图及战场建设规划；②直线段长度及净空条件；③与附近机场、城镇、经济开发区、禁区等的关系位置；④水、电、通信等保障条件（有条件时宜结合服务区修建）；⑤避开跨径超过8m的桥梁、陡坎、架空高压输电线等影响飞行安全的地物或设施。

*3. 改建公路飞机跑道勘测要求*

1）工作流程

改建公路飞机跑道是指高速公路已经建设完成，在现有公路网的基础上，改建形成公路飞机跑道的过程。由于在公路建设时，已经完成了大部分所需资料的测试、收集，工程资料相对

比较完善,所以其改建公路飞机跑道的勘测工作相对就要简单。其勘测工作的重点是计算风保障率,校核净空,确定跑道布局,分析公路平面尺寸、坡度、承载力等能否满足使用要求,具体工作流程如下:

①收集当地高等级公路路线建设图纸,相应地形、地质及气象资料;

②根据作战需要确定公路跑道的设计使用年限,主要作战机型及其年均运行次数,各种机型的计算参数(最大起飞质量、主轮胎压、主起落架构型、主轮动荷载等);

③由作战机型、作战目的计算确定飞机起落滑跑需要的最小直线距离;

④利用公路建设图纸(平面竣工图1:2 000,直线、曲线及转角表等),初步选择满足飞机起降需要的公路直线路段;

⑤根据满足净空、风保障率、附属设施修建要求、作战意图及战后建设规划等因素比选结果,筛选出最优的公路直线路段;

⑥确定跑道的布局形式,跑道与公路完全吻合或部分吻合,如不吻合则考虑进行直线段延长;

⑦根据飞机性能和部队的要求分析公路道面和道肩宽度能否满足作战需要,如不满足则需进行道面加宽;

⑧验证直线段坡度要求;

⑨验证直线段道基和道面强度能否满足飞机起降要求;

⑩规划分析配套设施及桥涵排水设施的修建要求。

2)公路飞机跑道位置选择方案综合评价

公路飞机跑道选址方案对比考虑的影响因素与军用机场不尽相同,应针对此问题进行专门说明。目前在现有公路上选择改建公路跑道位置的方法主要是在图上作业的基础上,选址人员到实地勘测,经过反复比较,列出各评价方案的优缺点,确定一个较为经济、合理的方案。这种选址方法不可避免地存在以下几个问题:①该方法很大程度上取决于选址人员的实际经验和技术水平,主观因素多,可能带有一定的盲目性;②影响公路跑道选址的因素繁多,数据量大,涉及面广,很多指标难以量化,给专家们的评价工作带来困难;③由于整个评价过程处于定性阶段,专家们又受个人知识水平、工作经验和思维方式所限,很难达成共识。为此,提出一种科学合理的选址方法对公路飞机跑道建设具有十分重要的意义。

(1)影响公路飞机跑道选址的因素分析

影响公路飞机跑道选址的因素有很多,在选址时应综合考虑其使用性能的安全可靠,满足规划建设的要求,有良好的技术保障条件。基于这样的目的,通过系统分析,采用专家评判的方法得到了公路飞机跑道选址各评价要素,如图5-3所示。在选址评价体系列表中,每种基本的评价要素(一级指标)又分为更详细的二级指标,其中跑道的基本性能要求是选择新跑道方案的先决条件,只有满足这些条件,特别是直线段长度和净空条件符合新跑道的建设要求后,才可能对该方案进行进一步的分析和评价。

(2)公路飞机跑道选址多属性决策模型建立

假设经过初选后所剩备选方案数为 $m$ 个,即项目方案集为 $A=\{a_1,a_2,\cdots a_m\}$,反映每个项目方案的指标为 $n$ 个,即选址指标集为 $B=\{b_1,b_2,\cdots b_n\}$,各指标的权重为 $w=\{w_1,w_2,\cdots,w_n\}$,项目方案 $A_i$ 对指标 $B_j$ 的属性为 $c_{ij}(i=1,2,\cdots,m;j=1,2,\cdots,n)$,矩阵 $\boldsymbol{C}=(c_{ij})_{m\times n}$ 为

决策矩阵,由于选址指标反映的内容及量纲均不一样,因此需首先对决策矩阵 $\boldsymbol{C}$ 进行正规化处理,假设正规化以后的矩阵为 $\boldsymbol{D} = (d_{ij})_{m\times n}$。对于不同的指标 $d_{ij}$,分别按下述公式(5-1)、式(5-2)确定。

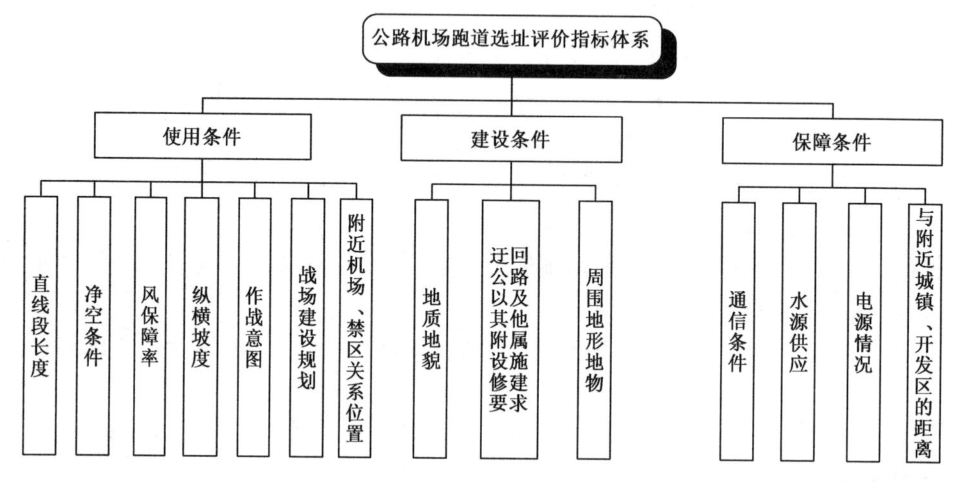


图 5-3　公路飞机跑道选址影响因素组成

对于像直线段长度、风保障率等这样的指标,属于效益型指标,希望其越大越好,则令:

$$d_{ij} = \frac{c_{ij} - c_j^{\min}}{c_j^{\max} - c_j^{\min}} \qquad (i = 1,2,\cdots,m;j = 1,2,\cdots,n) \tag{5-1}$$

式中:$c_{ij}$——$i$ 项目方案对应的 $j$ 指标值;

$c_j^{\min}$、$c_j^{\max}$——方案集中 $j$ 指标最小和最大值。

对于最大纵坡、最大变坡等指标,属于成本型指标,希望其越小越好,则令:

$$d_{ij} = \frac{c_j^{\max} - c_{ij}}{c_j^{\max} - c_j^{\min}} \qquad (i = 1,2,\cdots,m;j = 1,2,\cdots,n) \tag{5-2}$$

通过上面的正规化运算得到正规化矩阵 $\boldsymbol{D} = (d_{ij})_{m\times n}$,然后按下述运算可以得到又一决策矩阵 $\boldsymbol{R}$。

$$R = \begin{bmatrix} d_{11}w_1 & d_{12}w_2 & \cdots & d_{1n}w_n \\ d_{21}w_1 & d_{22}w_2 & \cdots & d_{2n}w_n \\ \vdots & \vdots & & \vdots \\ d_{m1}w_1 & d_{m2}w_2 & \cdots & d_{mn}w_n \end{bmatrix} \tag{5-3}$$

对于决策矩阵 $\boldsymbol{R}$,各指标理想值可定义为其极值。

$$r'_j = \max_{j=1}^{n}\{r_{ij} \mid i = 1,2,\cdots,m\} = \max_{j=1}^{n}\{d_{ij}w_j \mid i = 1,2,\cdots,m\} = d'_j w_j \tag{5-4}$$

式中:$d'_j$——正规矩阵中对应于 $j$ 指标的理想值。

各项目方案的考核目标值定义为各项目方案距离理想点的距离,并取距离平方和为:

$$l_i = \sum_{j=1}^{n}(r'_j - r_{ij})^2 = \sum(d'_j - d_{ij})^2 w_j^2 \qquad (i = 1,2,\cdots,m) \tag{5-5}$$

其中,$w_i \geqslant 0$,$\sum_{i=1}^{m} w_i = 1$。

考核目标值 $l_i$ 越小，说明该项目方案的功能状态和使用性能越好，为此构造下面的单目标优化模型：

$$\min Z = \sum_{i=1}^{\infty} k_i d_i = \sum_{i=1}^{m}\sum_{j=1}^{n} k_i (d'_j - d_{ij})^2 w_j^2 \tag{5-6}$$

其中，$k_i \geqslant 0, i=1,2,\cdots,m; \sum_{i=1}^{m} k_i = 1$。

$$\begin{cases} \sum_{i=1}^{n} w_j = 1 \\ w_j > 0 \quad (j = 1,2,\cdots,n) \end{cases} \tag{5-7}$$

为了求解式(5-6)、式(5-7)，作拉格朗日函数：

$$L = \sum_{i=1}^{m}\sum_{j=1}^{n} (d'_j - d_{ij})^2 w_j^2 + \lambda\left(\sum_{j=1}^{n} w_j - 1\right) \tag{5-8}$$

令 $\frac{\partial L}{\partial w_j} = 0$，得：

$$2\sum_{i=1}^{m}\sum_{j=1}^{n} (d'_j - d_{ij})^2 w_j + \lambda = 0 \quad (j = 1,2,\cdots,n) \tag{5-9}$$

联立方程得到：

$$w_j = \left[\sum_{j=1}^{n} \frac{1}{\sum_{i=1}^{m}(d'_j - d_{ij})^2}\right]^{-1} \cdot \left[\sum_{i=1}^{m}(d'_j - d_{ij})^2\right]^{-1} \tag{5-10}$$

$$\lambda = -\left[2\sum_{j=1}^{n} \frac{1}{\sum_{i=1}^{m}(d'_j - d_{ij})^2}\right]^{-1} \tag{5-11}$$

$w_j > 0$，且是对应 $Z$ 极小时的 $w_j$ 值，最后将上述 $w_j$ 代回式(5-5)，即可得到 $l_i(i=1,2,\cdots,m)$，$l_i$ 从大到小的排序即为相应项目方案的优劣顺序。

(3)应用实例

①背景分析

以某公路飞机跑道选址为例，根据国防建设需要，在某高速公路上需新建一条公路机场跑道，按照公路跑道选址各评价指标要素，对该公路基本信息运用公路 GIS 的空间分析功能进行备选方案初选和专家评定，如图 5-4、图 5-5 所示，可得 3 个可行待选方案，除相同指标以外，其余可比指标如表 5-7 所示。

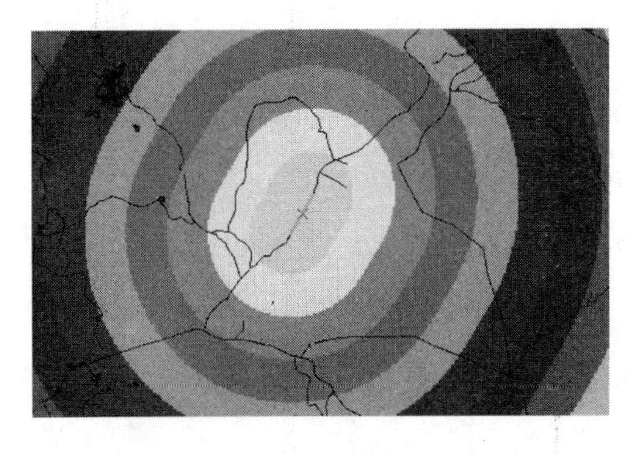

图 5-4　备选方案缓冲区分析

图 5-5　备选方案净空分析

某公路飞机跑道各可行待选方案指标特征值 表 5-7

| 评价指标 | 方案1 | 方案2 | 方案3 | 方案4 |
| --- | --- | --- | --- | --- |
| 直线段长度(m)$b_1$ | 2 445.5 | 2 073.2 | 2 364 | 2 389 |
| 风保障率(%)$b_2$ | 92 | 86 | 97 | 93 |
| 最大纵坡(%)$b_3$ | 1.0 | 1.2 | 0.8 | 1.4 |
| 最大变坡(%)$b_4$ | 2.3 | 1.7 | 1.2 | 2.1 |
| 最小坡段长(m)$b_5$ | 255.3 | 577.8 | 321.5 | 345.8 |
| 小桥(座)$b_6$ | 3 | 2 | 1 | 2 |
| 涵洞(道)$b_7$ | 4 | 7 | 6 | 5 |
| 离附近机场的距离(km)$b_8$ | 59 | 52 | 44 | 49 |
| 离附近城镇的距离(km)$b_9$ | 33 | 28.5 | 27.3 | 32 |

②选址优选步骤

a. 综合分析影响公路机场跑道选址的相关因素，选定优选指标体系，如图 5-3 所示。

b. 利用公路网 GIS 对待选方案进行初选，确定决策备选方案，如图 5-4、图 5-5 所示。

c. 通过式(5-6)建立单目标优化模型，计算各评价指表的权重。

d. 建立决策矩阵，确定各指标理想值，通过计算各方案与理想点的距离得出考核目标值，进而得出最优方案。

根据实测各待选方案指标特征值建立决策矩阵 $\boldsymbol{C}$ 如下：

$$\boldsymbol{C}=\begin{bmatrix} 2\,445.5 & 92 & 1.0 & 2.3 & 255.3 & 3 & 4 & 59 & 33.0 \\ 2\,073.2 & 86 & 1.2 & 1.7 & 577.8 & 2 & 7 & 52 & 28.5 \\ 2\,364.0 & 97 & 0.8 & 1.2 & 321.5 & 1 & 6 & 44 & 27.3 \\ 2\,389.0 & 93 & 1.4 & 2.1 & 345.8 & 2 & 5 & 49 & 32.0 \end{bmatrix}$$

经分析，$b_1$、$b_2$、$b_8$、$b_9$ 为效益型指标，越大越好；$b_3$、$b_4$、$b_5$、$b_6$、$b_7$ 为成本型指标，越小越好。所以，规范化后可得正规化矩阵 $\boldsymbol{D}$ 为：

$$\boldsymbol{D}=\begin{bmatrix} 1.000 & 0.545 & 0.667 & 0.000 & 1.000 & 0.000 & 1.000 & 1.000 & 1.000 \\ 0.000 & 0.000 & 0.333 & 0.545 & 0.000 & 0.500 & 0.000 & 0.533 & 0.211 \\ 0.781 & 1.000 & 1.000 & 1.000 & 0.795 & 1.000 & 0.333 & 0.000 & 0.000 \\ 0.848 & 0.636 & 0.000 & 0.182 & 0.719 & 0.500 & 0.667 & 0.333 & 0.824 \end{bmatrix}$$

由式(5-10)计算出指标权重为：

$$w=(0.149,0.119,0.103,0.085,0.142,0.106,0.103,0.096,0.097)$$

再由式(5-5)可得各方案的考核目标值为：

$$l_1=0.022\,6,l_2=0.084\,3,l_3=0.015\,8,l_4=0.022\,9$$

由于$l_3 < l_1 < l_4 < l_2$,所以可得最佳方案应为方案3。

## 复习思考题

1. 改扩建机场勘测的特点是什么?
2. 改扩建机场勘测的主要内容有哪些?
3. 水上机场勘测的特点是什么? 主要内容有哪些?
4. 水上机场三个阶段勘测的区别有哪些?
5. 公路飞机跑道的作用是什么? 有什么选址要求?
6. 新建公路飞机与改建公路飞机跑道勘测的区别有哪些?

# 第六章　机场勘察技术

## 第一节　机场工程地质勘察的主要方法

工程地质勘察的方法主要有工程地质测绘、工程地质勘探、地球物理勘探、工程地质试验、工程地质长期观测等。

### 一、工程地质勘探

在工程地质勘察过程中，当露头不好而不能判别地下隐蔽的地质情况时，可采用工程地质勘探，此项工作一般在工程地质调查与测绘的基础上，通过采用物探、简易钻探、钻探、原位测试等综合方法进行。

工程地质勘探的主要任务是探明地下有关地质情况，如地层、岩性、断裂构造、地下水位、滑动面位置等。为深部取样及现场原位试验提供场所，利用勘探坑孔可以进行某些项目的长期观测工作以及物理地质现象处理工作。

1. 挖探

挖探是工程地质勘探中最常用的一种方法，可分为坑探和槽探。它是用人工或机械方式进行挖掘坑、槽，以便直接观察岩土层的天然状态以及各地层之间接触关系等地质结构，并能取出接近实际的原状结构土样，该方法的特点是地质人员可以直接观察地质结构细节，准确可靠，且可不受限制地取得原状结构试样，因此对研究风化带、软弱夹层、断层破碎带有重要的作用，常用于了解覆盖层的厚度和特征。它的缺点是可达的深度较浅，易受自然地质条件的限制。

(1)坑探

坑探是垂直向下掘进的土坑。浅者称试坑，深者称探井。断面一般采用1.5m×1.0m的矩形，深度一般为1.5~2.0m，探井深度为2~4m。坑探常用以揭示覆盖层的厚度和性质。

(2)槽探

槽是一种长槽形开口的坑道，宽0.6~1.0m，长度视需要而定，深度小于3m。槽探常用于追索构造线，查明坡积层、残积层的厚度和性质，揭露地层层序等。

2. 简易钻探

简易钻探是机场工程地质勘探中经常采用的方法，优点是体积小，操作简便，进尺较快，劳动强度小。缺点是不能采用原状土样，在密实或坚硬地层内不易钻进或不能使用。常用的简易钻探工具有洛阳铲、锥探和小螺纹钻等，其中小螺纹钻是用人工加固回转转进的，适用于黏性土地层，采取扰动土样，钻进深度一般小于6m，最大可达10m以上。

3. 钻探

钻探是指用钻机在地层中钻孔，以鉴别和划分地表下地层，并可以沿孔深取样的一种勘察方法。在工程地质勘探中，钻探是直接了解地下地质情况时，广泛采用的重要手段。它可以获得深部地层的可靠地质资料，钻探主要用于桥梁、隧道及大型滑坡等不良地质现象的勘探。

(1)钻探的基本步骤

破碎岩土。使小部分岩土脱离整体而成为粉末、岩土块或岩土芯的现象，岩土借助冲击力、剪切力、研磨和压力来实现破碎。

采取岩土。用冲洗液(或压缩空气)将孔底破碎的碎屑冲到孔外，或者用钻具靠人力或机械将孔底的碎屑或岩芯取出地面。

保全孔壁。为了顺利进行钻探工作，必须保护好孔壁，不使坍塌。一般采用套管或泥浆来护壁。

(2)钻探要求

钻孔按技术要求可分为技术性钻孔和一般钻孔。一般钻孔多是为工程需要而布置的，无论从深度上还是取样要求方面均低于技术性钻孔。技术性钻孔要布置在地貌、地质构造、地层变化大且具有代表性的部位，采取原状土样。

钻孔深度，一般以结构物类型、工程规模、岩土类别、持力层深度、桥涵及防护等工程基础深度、隧道埋置深度和其他工程处理深度而定，以满足能评价工程地质条件，确定适宜的基础类型和埋深。

(3)钻探方法

钻探根据钻进时破碎岩石的方法，可分为冲击钻进、回转钻进、冲击—回转钻进、振动钻进、冲洗钻进。

冲击钻进是利用钻具的自重，反复自由下落的冲击力，是钻头冲击孔底以破碎岩石而逐渐钻进，不能取得完整岩芯。

回转钻进是利用钻具回转，是钻头的切刃或加研磨材料削磨岩石而不断钻进，机械回转钻进可适用于软硬不同的地层。

冲击—回转钻进的钻进过程是在冲击与回转综合作用下进行的。适用于各种不同的地层，能采取岩芯，在工程地质勘察中应用也较广泛。

振动钻进是利用机械动力所产生的振动力，使土的抗剪强度降低，借振动器和钻具的自重，切削孔底土层不断钻进。

冲洗钻探是通过高压射水破坏孔底土层从而实现钻进。该方法适用于砂层、粉土层和不太坚硬黏土层，是一种简单快速的钻探方式。但该方法冲出地面的粉屑往往是各种土层的混合物，代表性很差，给地层的判断、划分带来困难，因此一般情况下不宜采用。

(4)钻探成果

钻探的成果可用钻孔柱状图来表示，图中应标出地质年代、岩土层埋藏深度、岩土层厚度、岩土层底部绝对高程、岩土的描述、柱状图、地下水位、测量日期、岩土取样位置等内容，其比例尺一般为1∶100～1∶500。

4. 地球物理勘探(物探)

地球物理勘探简称物探，它是通过研究和观测各种地球物理场的变化来探测地层岩性、地质构造等地质条件。各种地球物理场有电场、重力场、磁场、弹性波的应力场、辐射场等。由于组成地壳的不同岩层介质往往在密度、弹性、导电性、磁性、放射性及导热性等方面存在差异，这些差异将引起相应的地球物理场的相应变化。通过量测这些物理场的分布和变化特征，结合已知地质资料进行分析研究，就可以达到推断地质性状的目的。物探方法具有速度快、效率高、成本低、搬运轻便等特点，应用较广泛。但是物探是一种间接的勘探手段，特别当地质体的物理性质差异不太大时，其成果较粗略，故应与其他勘探手段配合使用效果更好。

(1)常用的物探方法

常用的物探方法有电法勘探、地震波勘探、声波勘探、测井等，各种物探方法的应用范围及适用条件见表6-1。在机场工程地质勘察中常用的是电法勘探和弹性勘探。

**几种物探方法的应用范围及适用条件** 表6-1

| 方法 | | | 应用范围 | 适用条件 |
|---|---|---|---|---|
| 直流电法 | 电阻率法 | 电测深点剖面 | 了解地层岩性、基岩埋深；了解构造破碎带、滑动带位置，裂隙发育方向；探测含水构造，含水层分布；寻找地下洞穴<br>探测地层、岩性分界；探测构造破碎带的位置；寻找地下洞穴 | 探测的岩层要有足够的厚度，岩层倾角不宜大于20°；分层的$\rho$值有明显差异，在水平方向上没有高电阻和低电阻屏蔽；地形比较平坦；分层的电性差异较大 |
| | 电位法 | 自然电场法 | 判定在岩溶、滑坡以及断裂带中地下水的活动情况 | 地下水埋藏较浅，流速足够大，并有一定的矿化度 |
| | | 充电法 | 测定地下水流速、流向，测定滑坡的滑动方向和滑动速度 | 含水层深度小于50m，流速大于1.0m/d，地下水矿化度微弱，围岩电阻率较大 |
| 交流电法 | 频率测深法 | | 查找岩溶、断层、裂隙及不同岩层界面 | |
| | 无线电波透视法 | | 探测溶洞 | |
| | 地质雷达 | | 探测岩层界面、洞穴 | |
| 地震勘探 | 直达波法 | | 测定波速，计算土层动弹性参数 | |
| | 反射波法 | | 测定不同地层界面 | 界面两侧介质的波阻抗有明显差异，能形成反射面 |
| | 折射波法 | | 测定不同性质地层界面，基岩埋深、断层位置 | 离开震源一定距离(盲区)才能接收到折射波 |
| 声波探测 | | | 测定动弹性参数，监测洞室围岩或边坡应力 | |
| 测井 | 电视测井 | | 观察钻孔井壁 | 以光源为能源的电视测井并不能在浑水中使用，如以超声波为能源则可在浑水或泥浆中使用 |
| | 井径测量 | | 测定钻孔直径 | |
| | 电测井 | | 测定含水层特性 | |

①电法勘探，简称电探，是利用仪器测定人工或天然电场中岩土导电性的差异来识别地下地质情况的一种物探方法。电探的方法有很多种，其中常用的是电测深法和电测剖面法。

电测深法是在地表固定一点为中心测点，逐渐增大供电极的距离，就可以测得地下不同深度处的视电阻率，从而推断出不同深度的地质情况。用此法可以查明覆盖层、风化层、冻土层的厚度，查明含水层和古河道、掩埋冲积扇的位置，查明溶洞位置及大小，查明滑坡体的滑床的位置，探寻天然建筑材料等。

电测剖面法是以测量电极和供电极间距保持不变，而将测点沿一定剖面线移动，逐点进行电阻率测量，所测得的视电阻值就表示某一深度范围内岩层沿剖面方向上的变化情况。用此法可以查明陡倾的岩层、断层、含水层、古河道、暗河位置。

②弹性波勘探，是利用人工激发振动，研究弹性波在地质体中的传播规律，以判断地下情况和岩体的特性和状态。弹性波勘探包括地震勘探和声波勘探。

地震勘探法用人工震源在岩体中产生弹性波，可探测大范围内覆盖层厚度和基岩起伏，探查含水层，追索古河道位置，查寻断层破碎带，测定风化层厚度和岩土的弹性参数等。

声波勘探法原理同上，但只能探测小范围内的岩体，如对地下洞室围岩进行分类，测定围岩松动圈，检查混凝土和帷幕灌浆质量，划分岩体和钻孔地层剖面等。

(2)物探的应用

作为钻探的先行手段，了解隐蔽的地质界线、界面或异常点；作为钻探的辅助手段，自钻孔之间增加地球物理勘察点，为钻探成果的内插、外推提供依据；作为原位测试手段，测定岩土体的波速、动弹性模量、特征周期、土对金属的腐蚀等参数。

(3)物探的注意事项

物探工作的测区，一般不宜超过地质测绘的范围，但对物探解释和有对比价值的点，可不受此限制；在测区内测线的方向、间距及测点的疏密、激发点与接收点的距离与布置形式，应按物探方法并结合地形等情况确定，以减少影响地质解释精度的因素；物探网的最佳布置方案应沿路线中线或桥梁、隧道轴线方向布设测线；不同的地质体或构造，应有 2～3 条物探测线穿过，每条测线上至少有 3 个以上的测点，地质条件复杂时可适当加密。

## 二、试验

工程地质试验是取得工程设计所需的各项计算指标数值的重要手段和依据，是对土石工程性质进行定量评价时必不可少的方法。工程地质调查测绘与勘探工作，只能对土石的工程性质进行定性的评价，要进行准确的定量评价必须通过试验工作。工程地质试验分为室内试验和野外试验两种。室内试验是通过仪器对采集的样品进行测试、分析，取得所需数据；野外试验结合工程实际情况在原位进行，亦称原位测试。

### 1. 室内试验

室内试验包括岩、土的物理、水理、力学、化学等试验内容，室内试验一般在中心试验室进行。如工程规模大、试验多，可考虑在现场设置工地试验室，就地进行试验。

室内试验虽然具有边界条件、排水条件和应力路径容易控制的优点，但是由于试验需要取试样，而土样在采集、运送、保存和制备等方面不可避免地受到不同程度的扰动，特别是对于饱和状态的砂质粉土和砂土，可能根本取不上土样，这使测得的力学指标严重“失真”。因此，为了取得可靠的力学指标，在工程地质勘察中，必须进行一定相应数量的野外现场原位试验。

### 2. 原位测试

测试的主要项目有：载荷试验、静力触探试验、动力触探试验、标准贯入试验、十字板剪切试验、旁压试验、现场剪切试验、波速测试、岩土原位应力测试、块体基础振动测试等。

(1)载荷试验

载荷试验就是在一定面积的承压板上向地基逐级施加荷载,并观测每级荷载下地基变形特性,从而评定地基的承载力,计算地基的变形模量并预测实体基础的沉降量。它反映的是承压板以下1.5~2.0倍承压板直径或宽度范围内地基强度、变形的综合性状。由此可见,该种方法犹如基础的一种缩尺真型试验,是模拟建筑物基础工作条件的一种测试方法,因而利用其成果确定的地基容许承载力最可靠、最有代表性。当试验影响深度范围内土质均匀时,此法确定该深度范围内土的变形模量也比较可靠。

①按承压板的形状,载荷试验可以分为平板载荷试验和螺旋板载荷试验。其中,平板载荷试验适用于浅层地基,螺旋板载荷试验适用于深层地基和地下水位以下的土层,常规的载荷试验是指平板载荷试验。

②载荷试验目的:确定地基土的临塑荷载、极限承载力,为评定地基土的承载力提供依据,这是载荷试验的主要目的;确定地基上的变形模量、不排水抗剪强度和地基土基床反力系数。

(2)静力触探试验

静力触探(CPT)是用静力将探头以一定的速率压入土中,同时用压力传感器或直接用量测仪表测试土层对探头的贯入阻力,以此来判断、分析地基土的物理力学性质。

①静力触探具有测试连续、快速,效率高,功能多,兼有勘探与测试双重作用的优点,测试数据精度高,再现性好。静力触探试验适用于黏性土、粉土、疏松到中密的砂土,但对碎石类土和密实砂土难以贯入,也不能直接观测土层。

②静力触探试验的目的:划分土层和定名;估算地基土的物理力学参数;评定地基土的承载力;选择桩基持力层,估算单桩极限承载力,判断沉桩可能性。

(3)动力触探

动力触探(DPT)是利用一定的锤击动能,将一定规格的探头打入土中,根据每打入土中一定深度所需的能量来判定土的性质,并对土进行分层的一种原位测试方法。所需的能量体现了土的阻力大小,一般可以用锤击数来表示。

①动力触探试验具有设备简单、操作及测试方法简便、适用性广等优点,对难以取样的砂土、粉土、碎石土,对静力触探难以贯入的土层,动力触探是一种非常有效的勘探测试手段。它的缺点是不能对土进行直接鉴别描述,试验误差较大。

②适用范围和目的。动力触探适用于强风化、全风化的硬质岩石,各种软质岩石和各类土。它可应用于以下目的:划分土层;确定土的物理力学性质,如确定砂土的密实度和黏性土的状态;评定地基土和桩基承载力;估算土的强度和变形参数等。

(4)标准贯入试验

标准贯入试验(SPT)是利用一定的锤击动能,将一定规格的贯入器打入钻孔孔底的土层中,根据打入土层中所需的能量来评价土层和土的物理力学性质。标准贯入试验中所需的能量用贯入器贯入土层中30cm的锤击数N63.5来表示,一般N称为标准贯击数。

标准贯入试验实质上是动力触探试验的一种。它和动力触探的区别主要是它的触探头不是圆锥形,而是标准规格的圆筒形探头,由两个半圆管合成,且其测试方式有所不同,采用间歇贯入方法。

①标准贯入试验的优点是设备简单，操作方便，土层的适应性广，且贯入器能取出扰动土样，从而可以直接对土进行鉴别。

②标准贯入试验适用于砂土、粉土和一般黏性土。它适用于评价砂土的紧密状态和粉土、黏性土的稠度状态，评价土的强度参数、变形参数、地基承载力、单桩极限承载力、沉桩可能性、判定砂土和粉质黏土的液化等。

(5)十字板剪切试验

十字板剪切试验(VST)是用插入软黏土中的十字板头，以一定的速率旋转，测出土的抵抗力矩，然后换算成土的抗剪强度。它是一种快速测定饱和软黏土层快剪强度的一种简单而可靠的原位测试方法。这种方法测得的抗剪强度值相当于试验深度处天然土层的不排水抗剪强度，在理论上它相当于三轴不排水剪的黏聚力值或无侧限抗压强度的一半。

①十字板剪切试验具有对土扰动小、设备轻便、测试速度快、效率高等优点，因此在我国沿海软土地区被广泛使用。

②适用的范围和目的。十字板剪切试验适用于饱和软黏土。应用的目的：计算地基承载力；确定桩的极限端承力和摩擦力；确定软土地区路基、海堤、码头、土坝的临界高度；判定软土的固结历史。

### 三、长期观测

长期观测主要指短期内不能查明的，需要进行多年的季节性观测工作才能掌握其变化规律的工程地质条件。

观测工作可以在勘测设计阶段进行，也可以在施工阶段进行，还可以在运营阶段进行。

长期观测针对工程需要进行安排，主要内容有以下几方面：

①对不良地质活动情况的观测与监测；

②对岩土受到施工作用及其反应情况的监测；

③对施工和运营使用期的工程监测；

④对环境条件在施工过程中可能发生的变化进行监测。

工程地质勘察过程中，外业的测绘、勘察和试验等成果资料，应及时整理，绘制草图，以便随时指导补充、完善野外勘察工作。勘察末期，应系统、全面地综合分析全部资料，以修改补充勘察中编绘的草图，然后编制正式的文字报告和图件等。它可为规划、设计、施工部门提供参考，是最重要的基础资料。

## 第二节　勘察资料的内业整理

### 一、工程地质勘察报告书

在工程地质勘察的基础上，根据勘测设计阶段任务书的要求，结合各工程特点和建筑区工程地质条件编写工程地质勘察报告书。它是整个勘察工作的总结，内容力求简明扼要，清楚实用，论证确切，并能正确全面地反映当地的主要地质问题。

1. 工程地质勘察成果报告的内容

工程地质勘察成果报告的内容，应根据任务要求、勘察阶段、地质条件、工程特点等具体情况确定,主要包括以下内容:勘察目的、要求和任务,拟建工程概述,勘察方法和勘察任务布置,场地地形、地貌、地层、地质构造、岩土性质、地下水、不良地质现象的描述与评价,场地稳定性和适宜性的评价,岩土参数的分析与选用,岩土利用、整治、改造方案,工程施工和使用期间可能发生的岩土工程问题的预测、监控和预防措施的建议,必要的图件。

2. 单项报告内容

除综合性岩土工程勘察报告外,也可根据任务要求,提交单项报告,主要有岩土工程测试报告,岩土工程检验或监测报告,岩土工程事故调查与分析报告,岩土利用、整治或改造方案报告,专门岩土工程问题的技术咨询报告。

## 二、工程地质图表

工程地质勘察报告应附必要的图表,这些图表是根据各勘察设计阶段的测绘、勘探和试验所得资料,进行分析整理编制而成的,几种常用的图表如下所述。

1. 综合工程地质平面图

简称工程地质图,在图中表示与工程有关的各种地质条件,如地形地貌、地层岩性、地质构造、水文地质、物理地质作用现象等,并对工程建筑场地进行综合评价。

2. 勘探点平面布置图

勘探点平面布置图是在地形图上标明工程建筑物、各勘探点(包括探井、探槽、钻孔等)、各现场原位测试点以及勘探剖面线的位置,并注明各勘探点、原位测试点的坐标及高程。

3. 地层综合柱状图

反映场地(或分区)的地层变化情况,在图上标明层厚、地质年代,并对岩土的特征和性质进行概括的描绘,有时还附有各岩土层的物理力学性质指标。

4. 工程地质剖面图

以地质剖面图为基础,反映地质构造、岩性、分层、地下水埋藏条件、各分层岩土的物理力学性质指标等。它的绘制依据是各勘探点的成果和土工试验成果。

由于勘探线的布置常与主要地貌单元或地质构造轴线相垂直或与建筑物轴线相垂直,因此工程地质剖面图能最有效地揭示场地地质条件。

5. 土工试验成果表

主要有抗剪强度线、压缩曲线等,一般由土工试验室提供。

6. 现场原位测试图件

包括载荷试验、标准贯入试验、十字板剪切试验等的成果图件。

7. 其他专门图件

对于特殊地质条件及专门性工程,根据各自的特殊需要,绘制相应的专门图件等。

# 第三节　机场勘察新技术

地形数据是进行机场设计的基础数据,也是机场勘测要提供的主要结果之一。在数字地面模型与机场 CAD 系统研究不断深入、应用日趋普及的今天,传统的数据采集与处理方式已不能满足需要,测绘技术的飞速发展为机场数据采集提供了新的方法,使机场勘测的手段得到了全新的发展。目前以遥感(Remote System,RS)、地理信息系统(Geographic Information System,GIS)、全球卫星定位系统(Global Positioning System,GPS)为代表的“3S”技术及摄影测量、数字地面模型(Digital Terrain Model,DTM)等新技术在机场勘测工程中的应用正在全面推广。针对这种现状,本章对此方面的内容进行介绍。

## 一、遥感

对于建立三维地表模型而言,其首要的任务就是获取地表环境的描述信息,这些信息主要包括描述地形和地物空间位置的几何信息,以及描述地表真实覆盖情况的纹理影像信息等。而日新月异的遥感技术和数字摄影测量技术则为快速准确获取这些信息提供了前所未有的机遇和可靠的保证。

1. 基本概念

遥感技术是20世纪60年代发展最为迅速的科学技术领域之一。遥感一词来源于英语“Remote Sensing”,其直译为“遥远的感知”,所谓遥感是指通过某种传感器装置,在不与被研究对象直接接触,获取其特征信息(一般是电磁波的反射和发射信息),并对这些信息进行提取、加工、表达和应用的一门科学和技术。遥感技术包括传感器技术,信息传输技术,信息处理、提取和应用技术,目标信息特征的分析与测量技术等。遥感技术是集科学性、技术性、应用性和服务性于一体的高科技领域,具有宏观、准确、客观、动态、综合、多层次、非接触监测的特点。随着遥感技术的不断成熟,它已逐渐成为影响国防基础、国民经济和人们生活的重要技术领域。它作为信息技术的重要支撑技术之一,是“虚拟现实”,甚至是“数字地球”的重要信息源和技术保障。

2. 基本原理

振动的传播称为波。电磁振动的传播是电磁波。电磁波的波段按波长由短至长可依次分为:γ-射线、X-射线、紫外线、可见光、红外线、微波和无线电波。电磁波的波长越短其穿透性越强。遥感探测所使用的电磁波波段是从紫外线、可见光、红外线到微波的光谱段。太阳作为电磁辐射源,它所发出的光也是一种电磁波。太阳光从宇宙空间到达地球表面须穿过地球的大气层。太阳光在穿过大气层时,会受到大气层对太阳光的吸收和散射影响,因而使透过大气层的太阳光能量受到衰减。但是大气层对太阳光的吸收和散射影响随太阳光的波长而变化。通常把太阳光透过大气层时透过率较高的光谱段称为大气窗口。大气窗口的光谱段主要有紫外线、可见光和近红外波段。地面上的任何物体(即目标物),如大气、土地、水体、植被和人工构筑物等,在温度高于绝对零度的条件下,它们都具有反射、吸收、透射及辐射电磁波的特性。当太阳光从宇宙空间经大气层照射到地球表面时,地面上的物体就会对由太阳光所构成的电磁波产生反射和吸收。由于每一种物体的物理和化学特性以及入射光的波长不同,因此它们对入射光的反射率也不同。各种物体对入射光反射的规律叫作物体的反射光谱。遥感探测正是将遥感仪器所接受到的目标物的电磁波信息与物体的反射光谱相比较,从而可以对地面的物体进行识别和分类,这就是遥感所采用的基本原理。

3. 技术特点

现代遥感史以20世纪60年代末人类首次登上月球为重要里程碑,随后美国宇航局(NASA)、欧洲航天局(ESA)和其他一些国家,如加拿大、日本、印度和中国先后建立了各自的遥感(RS)系统。所有这些系统已提供了大量从太空观测地球而获取的有价值的数据和图片。

随着信息技术和传感器技术的飞速发展，卫星遥感（RS）影像分辨率有了很大提高，包括空间分辨率、光谱分辨率和时间分辨率。40 多年来，随着人们对遥感技术研究的深入，特别是与其他高新技术[包括 GPS、GIS、虚拟现实（Virtual Reality）技术、网络技术（Networks）和多媒体（MM）技术等]的综合使用，使遥感技术取得了重大进展。光谱分辨率指成像的波段范围，分得愈细，波段愈多，光谱分辨率就愈高，在光谱探测方面，成像光谱仪的出现，使每个波段的范围变得越来越窄，现在的技术可以达到 5 ~ 6nm（纳米）量级，400 多个波段，可以有效地反映出地物的真实谱貌，提高自动区分和识别目标性质和组成成分的能力。空间分辨率指影像上所能看到的地面最小目标尺寸，用像元在地面的大小来表示。民用遥感传感器的空间分辨率已达到 2.5m 左右（SPOT 图像），1999 年 9 月，美国空间成像公司（Space Imaging Inc.）成功发射载有 IKONOS 传感器的小卫星，能够提供 1m 的全色波段和 4m 的多光谱波段，是世界上第一颗商用 1m 分辨率的遥感（RS）卫星。目前卫星遥感图像（如 QUICKBIRD 图像）的空间分辨率可达 0.61m。微波遥感是 20 世纪 90 年代迅速发展起来的遥感技术，各波段波长从1mm到 1 000mm，它具有多波段、多极化和全天候、全天时的特点，将更加令人瞩目。在遥感数据处理方面，随着计算机技术的迅速发展，使海量遥感数据的快速处理成为现实。据不完全统计，迄今为止，美国、俄罗斯、法国、中国、印度、加拿大、日本、德国、意大利等国发射遥感卫星 500 多颗，全球大型遥感卫星地面接收站达 100 多个。我国也建立了多个遥感卫星地面接收站，能够接收和处理 Landsat TM、SPOT 和 RADARSAT 等卫星图像数据；建立了众多的气象卫星接收台站，能接收和处理 NOAA、MODIS、FY 等气象卫星等数据。时间分辨率指重访周期的长短，目前一般对地观测卫星为 15 ~ 25d 的重访周期。通过发射合理分布的卫星星座可以 3 ~ 5d 观测地球一次。时间分辨率指重访周期的长短，目前一般对地观测卫星为 15 ~ 25d 的重访周期。通过发射合理分布的卫星星座可以 3 ~ 5d 观测地球一次。当代遥感技术的发展主要表现在多传感器、高分辨率和多时相等特征。

（1）多传感器技术

当代遥感技术已能全面覆盖大气窗口的所有部分。光学遥感可包含可见光、近红外和短波红外区域。热红外遥感的波长为 8 ~ 14mm，微波遥感观测目标物电磁波的辐射和散射，分被动微波遥感和主动微波遥感，波长范围为 1mm ~ 100cm。

（2）遥感的高分辨率特点

全面体现在空间分辨率、光谱分辨率和温度分辨率三个方面，长线阵 CCD 成像扫描仪可以达到 1 ~ 2m 的空间分辨率，成像光谱仪的光谱细分可以达到 5 ~ 6nm 的水平。热红外辐射计的温度分辨率可从 0.5K 提高到 0.3K 乃至 0.1K。

（3）遥感的多时相特征

随着小卫星群计划的推行，可以用多颗小卫星，实现每 2 ~ 3d 对地表重复一次采样，获得高分辨率成像光谱仪数据，多波段、多极化方式的雷达卫星，将能解决阴雨多雾情况下的全天候和全天时对地观测，通过卫星遥感与机载和车载遥感技术的有机结合，是实现多时相遥感数据获取的有力保证。

近年来，遥感技术广泛应用于资源环境、气象、防灾减灾、道路工程勘测等领域，遥感信息的应用分析已从单一遥感资料向多时相、多数据源的融合与分析，从静态分析向动态监测过渡，从对资源与环境的定性调查向计算机辅助的定量自动制图过渡，从对各种现象的表面描述向软件分析和计量探索过渡。由于航空遥感具有的快速机动性和高分辨率的显著特点使之成为遥感发展的重要方面。

## 二、全球定位系统

全球定位系统是美国研制的导航、授时和定位系统。它由空中卫星、地面跟踪监测站、地面卫星数据注入站、地面数据处理中心和数据通信网络等部分组成。用户只需购买 GPS 接收机,就可享受免费的导航、授时和定位服务。全球定位系统可以进行地表空间任一位置的准确定位,在地形测量、工程建设与管理等方面有广泛的应用潜力,全球定位系统技术现广泛应用于农业、林业、水利、交通、航空、测绘、安全防范、军事、电力、通信、城市管理等部门。

1. 基本概念

全球定位系统(Global Positioning System,GPS)是在子午仪卫星系统的基础上迅速发展起来的新技术。它能为全球任意地点、任意多个用户同时提供高精度、全天候、连续、实时的七维空间定位(包括三维空间位置、三维测速和时间基准)。由于这一系统在定位、导航、测速、按时等方面的高效率、高精度、多功能,因此它在地球科学中得到了广泛的应用。

2. 基本原理

GPS 的基本定位原理是卫星不间断地发送自身的星历参数和时间信息,用户接收到这些信息后,经过计算求出接收机的三维位置,三维方向以及运动速度和时间信息。

GPS 接收机接收到可用于授时的准确至纳秒级的时间信息;用于预报未来几个月内卫星所处概略位置的预报星历;用于计算定位时所需卫星坐标的广播星历,精度为几米至几十米(各个卫星不同,随时变化);以及 GPS 系统信息,如卫星状况等。

GPS 接收机对收到的卫星信号,进行解码或采用其他技术,将调制在载波上的信息去掉后,就可以恢复载波。严格而言,载波相位应被称为载波拍频相位,它是收到的受多普勒频移影响的卫星信号载波相位与接收机本机振荡产生信号相位之差。一般在接收机钟确定的历元时刻量测,保持对卫星信号的跟踪,就可记录下相位的变化值,但开始观测时的接收机和卫星振荡器的相位初值是不知道的,起始历元的相位整数也是不知道的,即整周模糊度,只能在数据处理中作为参数解算。相位观测值的精度高至毫米,但前提是解出整周模糊度,因此只有在相对定位并有一段连续观测值时才能使用相位观测值,而要达到优于米级的定位精度也只能采用相位观测值。

在 GPS 测量中包含了卫星和接收机的钟差、大气传播延迟、多路径效应等误差,在定位计算时还要受到卫星广播星历误差的影响,在进行相对定位时大部分公共误差被抵消或削弱,因此定位精度将大大提高,双频接收机可以根据两个频率的观测量抵消大气中电离层误差的主要部分,在精度要求高,接收机间距离较远时(大气有明显差别),应选用双频接收机。目前,GPS 已经能够达到地壳形变观测的精度要求,国际 GPS 服务(International GPS Service,IGS)的常年观测台站已经能构成毫米级的全球坐标框架。

3. 技术特点

GPS 是从军事方面发展起来的,出于军事目的,它提供两种服务即标准定位服务 SPS(Standard Positioning Service)和精确定位服务 PPS(Precise Positioning Service)。前者用于民用事业,后者为美国军方服务。美国政府为限制非军事用户和其他国家使用 GPS 的精度,分别在1991年和1994年实施了“SA(Selective Availability)”技术和“AS(Anti-spoofing)”技术,即“有选择可用性”技术和“反电子欺骗”技术。使SPS服务水平定位精度降低到100m,而在密码保护下的PPS服务精度提高到1m。

全球卫星定位系统的迅速发展,引起了各国军事部门和广大民用部门的普遍关注。GPS定位技术的高度自动化及其所达到的高精度和具有的潜力,也引起了广大测量工作者的极大兴趣。GPS作为一种全新的现代定位方法,已逐渐在越来越多的领域取代了常规光学和电子仪器。20世纪80年代以来,特别是近十多年来,GPS定位技术在应用基础的研究、新应用领域的开拓、软件和硬件的开发等方面都取得了迅速发展,GPS卫星定位和导航技术与现代通信技术相结合,在空间定位技术方面引起了革命性的变化。用GPS同时测定三维坐标的方法将测绘定位技术从陆地和近海扩展到整个海洋和外层空间,从静态扩展到动态,从单点定位扩展到局部与广域差分,从事后处理扩展到实时(准实时)定位与导航,从绝对和相对精度扩展到米级、厘米级乃至亚毫米级,从而大大拓宽它的应用范围和在各行各业中的作用。

目前,GPS精密定位技术已经广泛地渗透到了经济建设和科学技术的许多领域,尤其对经典大地测量学的各个方面产生了极其深刻的影响。它在大地测量学及其相关学科领域,如地球动力学、海洋大地测量学、天文学、地球物理勘探、资源勘察、航空与卫星遥感、工程变形监测、运动目标的测速以及精密时间传递等方面的广泛应用,充分地显示了这一卫星定位技术的高精度与高效益。

近年来,GPS精密定位技术在我国也已得到蓬勃发展。在我国大地测量、精密工程测量、地壳运动监测、资源勘察和城市控制网的改善等方面的应用及其所取得的成功经验,进一步展示了GPS精密定位技术的显著优越性和巨大潜力。SA技术于2000年5月1日取消之后,使得GPS的定位精度得到了大幅度提高,这给机场选址施工的顺利实施提供了可靠的技术支持。

## 三、地理信息系统

地理信息系统(Geographic Information System或Geo-Information system,GIS)有时又称为“地学信息系统”或“资源与环境信息系统”。它是一种特定的十分重要的空间信息系统。地理信息系统(GIS)脱胎于地图,两者在诸多方面具有相同的内涵和很深的渊源。它是计算机科学、地理学、测量学、地图学等多门学科综合的技术。地理信息系统作为一种特殊的以空间数据为基础的信息管理系统,将工程勘察及建设等专题属性数据与空间位置直观而紧密地联系起来,进行空间数据与属性数据的综合分析,为机场信息可观化表达和高效处理分析提供强有力的技术手段。

1. 基本概念

由于GIS涉及的面太广,站在不同的角度,给出的定义就不同,因此,对地理信息系统的定义还存在着众多分歧。通常可以从4种不同的途径来定义GIS:①面向功能的定义,GIS是采集、存储、检查、操作、分析和显示地理数据的系统;②面向应用的定义,这种方式根据GIS应用领域的不同,将GIS分为各类应用系统,例如土地信息系统、城市信息系统、规划信息系统、空间决策支持系统等;③工具箱定义方式,GIS是一组用来采集、存储、查询、变换和显示空间数据的工具的集合,这种定义强调GIS提供的用于处理地理数据的工具;④基于数据库的定义,GIS是这样一类数据库系统,它的数据有空间次序,并且提供一个对数据进行操作的操作集合，用来回答对数据库中空间实体的查询。总体来讲，地理信息系统是指在计算机硬件支持下，对具有空间内涵的地理信息输入、存储、查询、运算、分析、表达的技术系统，同时它可以用于地理信息系统的动态描述，通过时空构模，分析地理系统的发展变化和深化过程，从而为地学研究、咨询、规划和决策提供服务。它具有空间性、动态性、区域空间分析、综合分析、动态预测及决策服务的能力。

2. GIS 组成

地理信息系统处理、管理的对象是多种地理空间实体数据及其关系，包括空间定位数据、图形数据、遥感图像数据、属性数据等，用于分析和处理在一定地理区域内分布的各种现象和过程，解决复杂的规划、决策和管理问题。地理信息系统主要是由 GIS 的硬件、软件、地理数据（库）和系统的管理操作人员四个部分组成。其核心部分是计算机软硬系统，空间数据库反映了 GIS 的地理内容，而管理人员和用户则决定了系统的工作方式和信息表示方式。

GIS 硬件主要是计算机，包括必备的外部设备如数字化仪、打印机及绘图仪。可选设备有扫描仪、激光绘图仪/打印机、磁带机等。

系统开发、管理和使用人员是 GIS 的重要构成因素。因为 GIS 是一个动态的地理模型，只有系统软硬件和数据不能构成完整的 GIS，需要由人进行系统的组织、管理、维护和数据更新，使系统不断得到完善，并合理使用地理分析模型提取多种信息，为研究和决策服务。

地理空间数据是指以地球表面空间位置作为参照系的各种景观数据（如自然的、社会的、人文经济的等）。这些数据可以是图形、图像、文字、表格和数字等形式，由系统的建立者通过有关的量化工具和介质输入 GIS 是系统程序作用的对象，是 GIS 所表达的现实世界经过模型抽象的实质性内容。它包括空间特征数据和属性特征数据，空间特征数据记录的是空间实体的位置、拓扑关系和几何特征，这是将地理信息系统同其他行业的各种数据库管理系统区分开的标志。属性特征数据是指地理实体的时间变化及实体所具有的各种性质，如年降雨量、植被类型或土壤类性等。

3. 技术特点

由于 GIS 涉及的是人类赖以生存的地球表面乃至大气层中与空间位置有关的数据与信息，所以 GIS 作为与人类生存发展和进步密切相关的信息科学技术，愈来愈受到人们的重视。世界上第一个 GIS 是 1963 年 Tomlinson 等人建立的加拿大地理信息系统 CGIS，用于自然资源的管理与规划。20 世纪 70 年代以后，由于计算机软、硬件技术的突破，GIS 在应用和技术方面有了很大发展，一些发达国家先后建立了许多专业性的土地信息系统和地理信息系统，并且开发了一些有代表性的 GIS 软件，ARC/INFO，GENAMAP，SICAD，MAPINFO，SYSTEM9 等。进入 20 世纪 90 年代，随着地理信息产业的建立和数字化信息产品在全世界的普及，其博才取胜和运筹帷幄的优势，使它成为国家宏观决策和区域多目标开发的重要技术工具。许多机构必备的工作系统，尤其是政府决策部门在一定程度上受 GIS 影响改变了现有机构的运行方式、设置与工作计划等。而且，社会对 GIS 的认识普遍提高，需求大幅度增加，从而导致 GIS 应用的扩大与深化。如今，GIS 已从科学研究转为应用，成为确定性的产业。我国的 GIS 研究起步较晚，但发展迅速，已经形成了初具规模的专业队伍和学术组织，在 GIS 软件开发和应用方面也取得了一系列的研究成果和明显效益。

在全球协作的商业时代，85% 以上的企业决策数据与空间位置相关，例如客户的分布、市场的地域分布、原料运输、跨国生产、跨国销售等。对于包罗万象的信息,传统方法局限于枯燥无味的数据处理和表现,缺乏直观性和决策可视化,而 GIS 能够帮助人们将电子表格和数据库中无法看到的数据之间的模式和发展趋势以图形的形式清晰直观地表现出来,进行空间可视化分析,实现数据可视化、地理分析与主流商业应用的有机集成,从而满足企业决策多维性的需求。GIS 可以将晦涩抽象的数据表格变为清晰简明的彩色地图,帮助企业进行商业选址,确定潜在市场的分布、销售和服务范围;寻找商业地域分布规律、时空变化的趋势和轨迹;此外,还可以优化运输线路,进行资源调度和资产管理。

GIS 作为计算机科学、地理学、测量学、地图学等多门学科综合的一种边缘性学科,其发展与其他学科的发展密切相关。近年来 GIS 技术发展迅速,其主要的原动力来自日益广泛的应用领域对地理信息系统不断提高的要求。另一方面,计算机科学的飞速发展为地理信息系统提供了先进的工具和手段。许多计算机领域的新技术,如 Internet 技术、面向对象的数据库技术、三维技术、图像处理和人工智能技术都可直接应用到 GIS 中。下面我们一起来看看 GIS 的最新发展趋势。

目前,GIS 的应用已遍及与地理空间有关的领域,从全球变化、持续发展到城市交通、公共设施规划及建筑选址、地产策划等方面,地理信息系统技术正深刻地影响甚至改变这些领域的研究方法及运作机制。而在未来的应用中,地理信息系统的发展趋势主要有以下几个方面:

(1)空间数据库趋向图形、影像和 DEM 库一体化和面向对象;

(2)空间数据表达趋向多比例尺、多尺度、动态多维和实时三维可视化;

(3)空间分析和辅助决策智能化需要利用数据挖掘方法从空间数据库和属性数据库中发现更多的有用知识;

(4)通过 WEB 服务器和 WAP 服务器的互联网和移动 GIS 将推进联邦数据库和互操作的研究及地学信息服务事业;

(5)地理信息科学的研究有望在 21 世纪形成较完整的理论框架体系。

## 四、"3S"技术在机场勘测中的应用

### 1."3S"集成理论

"3S"技术是目前对地观测系统中空间信息获取、存储、管理、更新、分析和应用的三大支撑技术。它们是现代社会持续发展、资源合理规划利用、城乡规划与管理、自然灾害动态监测与防治等重要技术手段。"3S"技术一体化是以 RS、GIS、GPS 为基础,将 RS、GIS、GPS 三种独立技术领域中的有关部分与其他高技术领域(如网络技术、通信技术等)有机地构成一个整体而形成的一项新的综合技术。"3S"技术为地球与环境科学提供了新一代的观测手段、描述语言和思维工具。

三种技术各具特色,但在实际工作中单独使用时各自存在着一定的缺陷。GPS 可以瞬间产生目标定位坐标,却不能给出定位点的地理属性。RS 可以很好地获取区域面状信息,但受光谱波段限制,有众多地物特征很难通过遥感图像提供的影像信息直接获取,只有利用其他的方式和技术设施对遥感图像加以分析,从而提取出来,GIS 充当了这一角色。GIS 具有较好的查询、检索、分析和综合处理能力,然而,通过各种地图(包括地理基础地图、普通地理图、专题图)的数字化建立 GIS 数据库存在一定缺陷:它包含一定的人工因素,因而影响了数据和成果

的精度;同时地图数字化获取的通常是“静态”信息,数据更新周期长,难以进行 GIS 的数据动态监测和数据更新。而遥感由于具有现时性、现势性、宏观性、信息量丰富等特点,为 GIS 提供了及时、准确、综合和大范围的影像数据,成为一种空间信息获取和更新的强有力的手段,使 GIS 能够实现空间信息的专题制图、动态监测和信息更新的自动化。GPS 是以 24 颗卫星组成的无线电导航系统,能够实时、快速地提供地球空间中任意位置的精确空间坐标,从而为 GIS 确定地图或遥感影像中地物的空间坐标提供了依据。同时,GIS 作为支撑遥感信息提取的平台,为遥感综合开发和应用的不断深入提供了一个良好的技术环境。

在实际应用中,“3S”技术一体化可以分为三种模式:一为 RS、GIS 和 GPS 有机结合,该模式特征表现为,三者虽彼此独立,但为了完成某一项任务,可以通过某种特定方式(如数据传输或通信)将它们联系起来,共同作用于实际应用当中;二为三者合一,有共同的界面,做到表面上无缝的结合,数据传输则在内部通过特征码相结合,这只是某种思想和方法的合一,并非将系统完全融合;第三种模式为整体集成,它不仅具有自动、实时采集、处理和更新数据的功能,而且能在系统内部进行处理图像、分析和管理数据,为各种应用提供了科学的决策服务,并能解决用户提出的各种复杂问题。在这个系统内,GIS 相当于中枢神经,RS 相当于传感器,GPS 相当于定位器,三者的共同作用将使地球能实时感受到自身的变化,使其在资源环境与区域管理等众多领域中发挥巨大作用。

2.“3S”技术在机场选址中的应用

1)应用以遥感为核心的“3S”技术进行机场选址的优势

机场选址的合适与否直接影响下一步机场勘察与机场建设的经费预算问题,同时也影响着一个地区的经济发展。选择一个理想的机场位置,除要考虑政治、经济、国防等因素外,还必须充分掌握机场所在地区的地形、地貌、地质、水文、气候等自然环境条件。传统的地面选址方法采用纯野外工作方式,由于视野和活动能力限制,很多地方难以观察,这就造成了预选的机场位置往往不是最佳机场位置,增加了以后勘察、建设和维护的成本。以遥感技术为核心的“3S”技术的应用,弥补了传统地面工作的不足,使得选出的机场位置达到最优,因而具有明显的技术经济效益。以遥感技术为核心的“3S”技术在机场选址中应用优势如下:

(1)机场位置的选择一般离主要城市几公里到几十公里,要想短时间内在如此大的范围内选择几个预选机场位置,其难度是显而易见的,尤其是用传统地形图选址,由于地形图成图时间的差异,往往造成图上选址与实际地形不相符。而遥感图像正可以弥补其缺点,做到短时间内初步预选出几个符合要求的机场地址。

(2)预选多个机场的目的是为领导决策提供选择性,但机场场址由于条件限制,领导往往不可能实地观察;而以遥感为核心的“3S”技术,尤其是遥感三维可视化为领导提供了一个观察的平台,使决策者如临现场,在室内就能进行全局统筹和工作安排。

(3)多时相、多分辨率遥感图像相互结合,既可以宏观上预选出多个机场方案,也可以对每个预选机场进行地质的初步评价,同时遥感的真实性使得图上选址与实际地形地貌相符合,使规划设计合理化。

(4)应用遥感技术进行机场选址,无论从经费还是时间上,都远远小于传统野外工作方式,大大提高了工作效率。

2)机场选址工程中“3S”技术应用

应用以遥感为核心的“3S”技术，尤其是在应用遥感图像三维可视化与影像动态分析技术，可在短时间内对多种布设方案进行比较分析，使设计更加科学、可信。机场前期选址过程中，在前期图像处理及制作相关图件和三维可视化的基础上，主要将其用于以下几个方面。

(1)选择预选机场的空间位置

建设机场的目的是发展一个地区的经济，因此，对于机场的空间位置分布也有一定要求，从技术层面上来讲，机场的位置确定要考虑机场的净空条件、区域地质稳定性、机场场地地质条件等。从经济和长远发展层面上来看，机场距离中心城市不能太近。距离过近，一方面，由于其净空条件的限制，机场周边不能有高层建筑，制约城市发展；另一方面，机场的起降涉及噪声的问题，两方面在一定程度上影响了一个城市的长远发展，如昆明巫家坝机场，其位置处于城市的包围之中，噪声污染、安全隐患相当大。随着地方经济、商贸旅游和航空运输的发展，现有机场已越来越不能满足其发展要求，更难以满足未来市场定位下的民航运输市场发展的需求，因此，对新机场选址时要特别注意这个问题。从地理信息系统的角度来看，这属于一个缓冲区分析的问题，在一个城市的现势图上圈定不影响城市发展情况的机场场址，与其他多个考虑因素进行权重的分析，求得最佳场地位置。另外要注意道路交通问题，征地费用的问题，环境方面因素，城市发展长远因素等。

(2)评价机场预选场址的区域稳定性

区域稳定性研究是任何一项大型工程规划和论证阶段的重要工作，它关系到工程建设的战略决策、工程经济合理性、技术可行性和安全可靠性。因此，区域稳定性研究不应仅停留在不稳定成因的研究阶段上，而应当将其与工程设施作为一个体系来考虑。在查明区域稳定程度的基础上，解决地质资料的合理量化，各种地质参数或结论如何与工程设计相结合，以及相应的工程设计原则等问题。对选择余地较大的区域，通过区域稳定性研究，对大区域进行稳定性分析评价，圈定出不稳定区(危险区)和稳定区(安全区)，尽可能将工程场地布设在稳定性较好的区段，避开那些危险区段；对整个稳定性均较差的区域，在查明地壳不稳定原因的基础上，选择那些不稳定区中相对好一些的区段(即安全岛)作为工程场址。

在机场前期选址过程中，传统研究区域稳定性的方法是通过查看资料以判断相关断裂的活动性，而这些资料往往成图时间较早或者缺乏，其精度很难满足要求，这就需要我们在机场选址期间，能够快速、准确、大范围的确定一个地区的构造活动情况，以便初步查明区域稳定性。而遥感则具有宏观、快速的优点，在遥感图像的支持下，根据断裂构造的地貌、色调色彩、水系等影像解译标志，对机场预选地区断裂构造进行解译，据其影像特征以及与第四系分布的关系，结合地震资料等，基本可以判断某一个预选机场地区断裂活动性。

### 3. “3S”技术在机场勘察中的应用

1)机场工程勘察中遥感技术应用特点

遥感技术在各个领域的应用，均有其各自特点，不应生搬硬套。例如，气象预报要求提供大范围的、实时的，而且是全过程追踪的遥感信息，但对遥感图像的分辨率要求并不高，应用气象卫星接收的图像最适用；土地调查、农作物产量估测也要求提供大范围的遥感信息，但对遥感信息的实时性、全过程追踪的要求方面不如气象预报要求那么严格，而在分辨率要求方面则较前者高，因此，应用分辨率相对高的陆地卫星获取的遥感信息较为适用；再如，军事上的应用，要求夜间、全天候、实时、侧向获取敌方军事设施以及兵力的部署情况和行踪，且对位置的精度要求很高，因此，主要应用航空遥感技术，如红外技术、侧视技术、高分辨率成像技术、GPS定位技术等，成为军事遥感应用的特点。

遥感技术在工程选址勘察中的应用与上述各个领域的应用有所不同，其在机场工程勘察中的应用特点如下：

①勘察工作从面到线到点（或从面到点）、从粗到细，逐步深化；

②对勘察成果的精度要求较高；

③勘察成果质量很快得到工程施工的验证，对与错泾渭分明，很快得出结论；

④强调进行外业重点验证，以提高工程地质勘察质量。

鉴于上述特点，遥感技术的应用既要求应用宏观的陆地卫星图像，又要求应用精度较高的航空遥感图像，即需要多类型多时像相互结合，那样才能取得较好的应用效果。

2）机场工程勘察中遥感技术应用优势

工程勘察是各种工程建设质量优劣的先决条件。勘察质量的优劣，直接影响了设计质量，而设计质量则影响了工程建设的质量。要修建一项理想的工程，除要考虑政治、经济、国防等因素外，还必须充分掌握工程所在地区的地形、地貌、地质、水文、气候等自然环境条件。采用传统的地面勘察方法，由于视野的局限，想要查明自然环境条件是很困难的，尤其是在西南一些高原机场地区，人车难以到达，地形、地貌、地质、水文、气候等复杂的地区，有时由于手段的限制，勘察质量得不到保证，造成工程选线、选址的变动，甚至到了施工阶段，还不得不补做勘察前期的工作。更有甚者，给施工或日后的运营带来无穷的后患，这样的例子不胜枚举。

遥感技术的应用，可以克服单纯地面勘察的不足。它与其他勘察手段相结合，可以从整体上提高工程勘察的质量，因而具有明显的技术经济效益。遥感技术应用的效果主要表现如下：

①有利于大面积地质勘察，提高填图质量和选线、选址的质量；

②可克服地面观测的局限性，减少盲目性，增强外业地质调查的预见性；

③减少外业工作量，提高了勘察效率，某些外业工作可移到室内进行，改善了劳动条件。

一般认为，工程勘察中采用遥感技术后，预可行性研究阶段可提高工作效率2～3倍；可行性研究阶段，可提高1倍左右；有些地区，尤其是在西南高原地区，应用遥感技术后，勘察效率提高得更明显。

工程勘察中，应用遥感技术可获取地貌、地层（岩性）地质构造、水文地质、不良地质等信息。尤其是对工程影响较大的滑坡、崩塌、错落、岩堆、坠石、泥石流、岩溶、沙氏、沼泽、盐渍土、河岸冲刷、水库坍岸、冲沟、人工坑洞、地震、不良地质等现象，其判释效果更为明显。

3）机场工程勘察中遥感技术的应用

机场工程地质勘察中，在前期图像处理后，制作相关图件和三维可视化的基础上，主要将其用于三个方面。

（1）对机场所在地区宏观地质背景的分析和评价

地貌单元、地层组合和构造特征是控制土体工程地质宏观特性的三大要素。其中，地貌单元是基本的因素，和其他密切相关，相关理由如下：首先，地貌单元代表着它所包含的土体的外部形态和单元内部的分带或分阶特点。而它与相邻的不同单元的分界则是土体单元的宏观周界，这种周界应该与土体工程地质单元相吻合。不同的地貌单元代表着不同的成因类型，而成因不同则决定着沉积物的物质组成和成层、分布特点。如洪积扇与冲积平原或河流阶地的沉积物必然存在明显的区别。其次,不同地貌单元或同一单元的不同部分呈现不同的地层组合特点。如洪积扇的山前部分(锥顶相)则以粗粒沉积为主,而冲积平原则普遍具有上细下粗的二元结构特征。第三,不同的地貌单元或同一单元的不同部分的地层一般都属于不同地质时代。如河流的Ⅰ级阶地通常属于第四纪全新世($Q_4$),Ⅱ级阶地则属于第四纪晚更新世($Q_3$),而Ⅲ级阶地则属于第四纪中更新世[$Q_2$ 或中上更新世迭加($Q_3+Q_2$)]。需强调的是,不同时代的土层,其固结程度(密实度)、强度有显著差别。最后,不同地貌单元的地下水埋藏、分布和补给、迁流、排泄条件则各不相同。如洪积扇的山前锥顶相富含潜水,中间相及边缘相则往往存在层间承压水或有自流泉水出露。河流阶地或冲积平原则因地层的二元结构特点埋藏有弱承压水。因此,在对工程地区进行勘查时,地貌是首要的。地貌特征可以指导工程地质人员对岩性组合和构造特征等的宏观认识,地貌调查的准确度决定其他地质因素的正确与否。

可以看出,区域地质背景的内容多而复杂,用常规手段任务繁重,因此,将遥感图像及其三维可视化引入到了区域地质背景的勘查中,能够对拟建工程场区及周边环境的区域地质条件、工程地质和水文地质条件等有宏观认识和把握,对指导工程建设和施工具有良好效果。

(2)机场工程地质分区及勘察方案区工程地质条件评价

不同的岩土具有不同的力学性质和物理性质,其稳定性不同、承载力也不同,对机场工程建设的影响也不同。因此,在机场的勘察过程中,一个很重要的任务就是根据岩层、岩性、构造、不良地质等划定几个试验区,以便查明整个机场地区的岩土力学性质,提出相应的施工措施。试验区一般设置在岩性变化大、构造比较发育、岩土力学性质较差、具有代表性的地方,也就是说,试验区的设置要求空间位置合理。涉及空间位置与宏观性,"3S"技术无疑是最好的解决途径之一,可以综合运用遥感与 GIS 对遥感图像、机场数字 DEM、三维可视化以及前期工作中提取的地貌、地层、构造等信息分析,将待建机场地区试验方案进行划分,以便通过合理划分的试验区,能够对待建机场地区其他非试验区地质条件有个准确的评估。

(3)不良地质灾害的判译

不良地质灾害指的是地球的外应力和内应力所产生的对人类及其工程造成危害的地质作用和现象。不良地质灾害对工程,尤其是机场工程危害很大。传统的地面调查方法,由于视野所限或交通不便等给区域地质调查带来许多困难。而利用高分辨率遥感图像判译调查,可以直接按影像勾绘出范围,并确定其类别和性质,同时还可查明其产生原因、规模大小、危害程度、分布规律和发展趋势。不良地质灾害的判译是机场工程地质判译的一个重点,也是各种地质现象中判译效果最好的一种,可收到事半功倍的效果。如在康定机场勘察过程中,利用高分辨率的卫星遥感图像(SPOT 图像、QUICKBIRD 图像等),对场区的不良地质现象进行判译,并结合实地验证和考察,准确率达 80% 左右,从而为机场工程勘察节约了时间和经费,得到行内专家的好评。

## 复习思考题

1. 何谓遥感? 简述遥感技术在机场勘测中的应用。

2. 什么是地理信息系统? 简述其应用状况。

3. 什么是 GPS? 简述其组成和定位原理。

4. GPS 在机场勘测中的应用表现在哪些方面?

# 附录　某机场选址报告编制目录

第1章　概述
1.1　选址工作依据
1.2　选址工作原则和主要任务
1.2.1　选址工作原则
1.2.2　主要工作任务
1.3　选址工作组织机构、工作程序和过程
1.4　××市基本情况与机场现状
1.4.1　自然资源情况
1.4.2　交通情况
1.4.3　社会和经济发展情况
1.4.4　××机场现状
1.5　机场迁建的必要性分析
第2章　迁建机场的性质和规模
2.1　机场的性质和作用
2.2　飞行区指标，拟使用机型、航程，跑道运行类别
2.2.1　飞行区指标
2.2.2　拟使用机型及航程
2.2.3　跑道运行类别
2.3　机场近期、远期和远景规模
2.3.1　航空业务量预测
2.3.2　近期建设规模
2.3.3　远期建设规模
2.3.4　远景规模设想
第3章　确定初选及预选场址
3.1　选址思路
3.2　初选场址的基本情况
3.2.1　××场址
3.2.2　××场址
3.2.3　××场址
3.2.4　××场址
3.2.5　××场址
3.3　初选场址对比分析

3.3.1　地面条件
3.3.2　净空条件
3.4　初步确定的场址排序
第4章　预选场址的基本情况
4.1　××场址
4.1.1　地理位置及与城市发展关系
4.1.2　气象条件
4.1.3　净空条件
4.1.4　空域条件
4.1.5　地形、地貌条件
4.1.6　工程地质、水文地质条件
4.1.7　供电、通信、供水、供气等公用设施条件
4.1.8　排水、防洪情况
4.1.9　交通条件
4.1.10　航油供应条件
4.1.11　电磁及地磁环境
4.1.12　地下矿藏和文物情况
4.1.13　场址环境条件
4.1.14　土地状况
4.1.15　拆迁或改建情况
4.1.16　主要建筑材料源情况
4.2　××场址
4.2.1　地理位置及与城市发展关系
4.2.2　气象条件
4.2.3　净空条件
4.2.4　空域条件
4.2.5　地形、地貌条件
4.2.6　工程地质、水文地质条件
4.2.7　供电、通信、供水、供气等公用设施条件
4.2.8　排水、防洪情况
4.2.9　交通条件
4.2.10　航油供应条件
4.2.11　电磁及地磁环境
4.2.12　地下矿藏和文物情况
4.2.13　场址环境条件
4.2.14　土地状况
4.2.15　拆迁或改建情况
4.2.16　主要建筑材料源情况

4.3 ××场址

4.3.1 地理位置及与城市发展关系

4.3.2 气象条件

4.3.3 净空条件

4.3.4 空域条件

4.3.5 地形、地貌条件

4.3.6 工程地质、水文地质条件

4.3.7 供电、通信、供水、供气等公用设施条件

4.3.8 排水、防洪情况

4.3.9 交通条件

4.3.10 航油供应条件

4.3.11 电磁及地磁环境

4.3.12 地下矿藏和文物情况

4.3.13 场址环境条件

4.3.14 土地状况

4.3.15 拆迁或改建情况

4.3.16 主要建筑材料源情况

第5章 预选场址的航行服务研究

5.1 概述

5.2 飞行程序研究方案

5.3 飞行性能研究方案

5.4 航行服务研究的结论

5.4.1 飞行程序

5.4.2 飞行性能

5.5 跑道长度分析

5.5.1 相关机型在"××场址"的跑道长度和起飞质量分析

5.5.2 相关机型在不同跑道长度下起飞满客载飞行最远距离

5.5.3 到各主要城市的航线距离

5.5.4 相关机型着陆时所需跑道长度

第6章 预选场址技术经济分析比选

6.1 各场址技术条件比较

6.2 各场址经济比较

第7章 拟推荐首选场址

7.1 工程技术条件比较

7.1.1 预选场址相同点

7.1.2 预选场址不同点及比选

7.2 建设主要投资匡算

7.3 航行服务研究

7.4 综合研究分析

第8章 结论及建议

8.1 结论

8.1.1 机场建设的必要性

8.1.2 机场性质和规模

8.1.3 推荐首选场址及初步确定的场址名称

8.2 建议

# 参考文献


[1] 蔡良才. 机场规划设计[M]. 北京:解放军出版社,2002.

[2] 种小雷. 数字地图在机场净空评定中的应用研究[D]. 西安:空军工程大学,2003.

[3] 李志林,朱庆. 数字高程模型[M]. 武汉:武汉测绘科技大学出版社,2000.

[4] 钱炳华,张玉芬. 机场规划设计与环境保护[M]. 北京:中国建筑工业出版社,2000.

[5] 王卓甫. 工程项目风险管理[M]. 北京:中国水利水电出版社,2003.

[6] 空军后勤部机场营房部. 军用机场净空规定学习材料[R]. 北京:空军后勤部,2001.

[7] 许金良,张雨化,等. 公路 CAD 技术[M],北京:人民交通出版社,1999.

[8] 蔡良才,郑汝海,种小雷,等. 飞机起落航迹激光定位系统[J]. 交通运输工程学报,2002,4(1):58-61.

[9] 蔡良才,种小雷,郑汝海,等. 机场净空区障碍物限制面的确定分析[J]. 空军工程大学学报,2005,6(6):1-3.

[10] 蔡良才,邓学钧,等. 军用机场选址方案综合评价系统研究报告[R]. 西安:空军工程学院机场建筑工程系,1996.

[11] 朱照宏,陈雨人,等. 道路路线 CAD[M]. 上海:同济大学出版社,1999.

[12] 符锌砂. 公路计算机辅助设计[M]. 北京:人民交通出版社,1998.

[13] 蔡良才,邓学钧. AHP 法在军用机场选址中的应用[J]. 机场工程,1995(3):22-26.

[14] 陈述彭,鲁学军,周虎城. 地理信息系统导论[M]. 北京:科学出版社,1999.

[15] 王金华,岑国平. 公路飞机跑道改建各基本要素研究[J]. 国防交通工程与技术,2005(1):6-9.

[16] 孔金玲. 基于 GIS 技术的公路选线多方案综合评价[J]. 武汉测绘科技大学学报,1999(3):213-215.

[17] 康亚林,邱延俊,张波. 新建高速公路跑道集合参数的研究[J]. 铁道建筑,2007(2):106-108.

[18] 虞颜,傅建中,等. 基于 MapInfo 的公路工程地理信息系统研究[J]. 公路,2002(2).

[19] 宋小冬,等. 地理信息系统及其在城市规划与管理中的应用[M]. 北京:科学出版社,1998.

[20] 胡霞光,王秉纲. 工程数据库在公路设计与管理中的应用[J]. 交通运输工程学报,2001.

[21] 潘兵宏,许金良,等. 公路三维建模应用研究[J]. 西安公路交通大学学报,2001.

[22] 孔金玲. 基于 GIS 技术的公路选线多方案综合评价[J]. 武汉测绘科技大学学报,1999.

[23] 蒋红斐,詹振炎. 铁路线路三维整体模型构建方法研究[J]. 东南大学学报,2001.

[24] 郭腾峰,王蒙. 数字地面模型的核心技术研究[J]. 公路,2001.

[25] 刘仁义,刘南. 一种基于数字高程模型的淹没区灾害评估方法[J]. 中国图像图形学报,2001.

[26] 彭富强. GIS 及组件技术在公路施工管理系统中的应用[J]. 中外公路,2002.

[27] 张峰,徐建刚. GIS技术在城市规划公众参与中的应用初探[J]. 城市规划,2002.
[28] 刘兴权,尹长林,等. 基于GIS地理信息系统城市规划设计及报批系统[J]. 工程设计CAD与智能建筑,2002.
[29] 聂桂根. MATLAB在测量数据处理中的应用[J]. 测绘通报,2001.
[30] 游新华,王二民,等. 工程设计图及施工竣工图图档数字化及统一管理的探索[J]. 公路交通科技,2002.
[31] 种小雷,蔡良才,等. 基于GIS的机场净空评定方法研究[J]. 测绘通报,2002.